新文科·新设计
国家级一流本科课程配套教材

林家阳 总主编

产品设计
表现技法

李西运 于心亭 编著

中国教育出版传媒集团
高等教育出版社·北京

内容提要

本书以培养学生的设计表达能力和创新思维能力为目标,主要讲解产品效果图的概念与基础、产品效果图的绘制技法、产品效果图的欣赏与分析等三部分内容。第一部分解读产品效果图的基本概念与历史发展,特征、作用与分类,常用的工具与材料,以及绘制产品效果图的基础知识;第二部分通过五项训练,将产品效果图的主要知识点融于教学实践中,运用体验式教学模式让学生掌握产品效果图的各种绘制技法;第三部分对大量国内外不同技法的优秀效果图进行欣赏与分析,同时贯彻数字化与传统技艺相结合的教学理念。

本书主要适用于高等院校工业设计、产品设计专业的教学,也可作为工业设计师和相关设计爱好者的参考用书。

图书在版编目(CIP)数据

产品设计表现技法 / 林家阳总主编 ; 李西运,于心亭编著. -- 北京 : 高等教育出版社,2023.9
ISBN 978-7-04-060270-8

Ⅰ. ①产… Ⅱ. ①林… ②李… ③于… Ⅲ. ①产品设计 Ⅳ. ①TB472

中国国家版本馆CIP数据核字(2023)第054217号

CHANPIN SHEJI BIAOXIAN JIFA

策划编辑	梁存收	杜一雪	责任编辑	杜一雪		封面设计	张 楠	版式设计 张 杰
责任绘图	杨伟露		责任校对	商红彦	刘娟娟	责任印制	刘思涵	

出版发行	高等教育出版社		网 址	http://www.hep.edu.cn
社 址	北京市西城区德外大街 4 号			http://www.hep.com.cn
邮政编码	100120		网上订购	http://www.hepmall.com.cn
印 刷	高教社(天津)印务有限公司			http://www.hepmall.com
开 本	787 mm×1092 mm 1/16			http://www.hepmall.cn
印 张	13.75			
字 数	300 千字		版 次	2023 年 9 月第 1 版
购书热线	010-58581118		印 次	2023 年 9 月第 1 次印刷
咨询电话	400-810-0598		定 价	49.00 元

本书如有缺页、倒页、脱页等质量问题,请到所购图书销售部门联系调换
版权所有 侵权必究
物 料 号 60270-00

总　序

　　大学教育工作的核心是专业建设,专业建设的主要内容是教学设计,教学设计的重点是课程建设,而课程建设的重要内容是教材建设。在相当长的一段时间里,我们的考核制度出现了偏颇,高校对教师的考核重专著、重论文、轻教材,导致了相当多的设计学类教师在教学中缺乏真正高质量的、适用性强的教材作参考,致使教学不规范,从而严重影响了教学质量。

　　一部好的教材对教师来说是课程的灵魂,对学生来说是一部高精度的导航仪,能够引导学生从迷茫到清晰,从此岸到彼岸,本套艺术设计类"国家级一流本科课程"配套教材正是按照这样的诉求进行设计的。

　　2017 年,国家教材委员会和教育部教材局正式成立,标志着我国高等院校教材建设进入新的历史阶段。2019 年,国家教材委制定《普通高等学校教材管理办法》,2020 年印发了《全国大中小学教材建设规划(2019—2022 年)》,2020 年又启动首届全国教材建设奖评选工作。与此同时教育部推出首批国家级一流本科课程共 5 118 门,其中艺术类国家一流课程有 174 门(线上课程 38 门,线下课程76 门,线上线下混合式课程 31 门,虚拟仿真实验教学课程 17 门,社会实践课程12 门)。在中国特色社会主义进入新时代之际,教育部倡导新文科建设,注重继承与创新、协同与共享,促进多学科交叉与深度的融合。该系列教材正是值此背景下应运而生的,本系列涵盖了多所院校的大量优质课程、特色课程,且大多数课程的负责人为教学名师或学科带头人,更为该系列教材注入了源动力。

　　在众多的设计学类优秀课程中,有显著需求的 22 门专业课程入选本系列教材建设,为了确保本套教材整体的质量和统一性,高等教育出版社专门邀请我担任总主编工作。来自全国 22 所院校的 20 余位分主编,从 2020 年底开始至今,开展了各部教材目录、样章的反复磋商和全书的编写工作。2021 年仲夏,编委会在杭州进行了中期汇报交流,金秋又在沈阳鲁迅美术学院举办了设计学类专业国家级一流专业、一流课程优秀成果展。针对相关重点与难点,全体作者还在线上举行了三次工作会议。最终,各位分主编率领相关团队高质量地按时完成了教材的编写任务。本套教材均配有丰富的教学资源和案例,并注重实践性及中华优秀传统文化和立德树人元素的引入。该套教材在注重理论联系实际的基础上,融入一流课程已有的资源,有效拓展了书稿内容。尤其训练部分的论述彰显了一流课程的特色及创新,可以为其他院校提供有益的参考。

高等教育出版社特别重视国家一流课程教学成果的转化,注重高等院校设计类教材的当代性、普适性与可操作性,此次重点打造这一套"新文科·新设计"艺术设计类"国家级一流本科课程"配套教材,对设计学科建设而言,可谓功德无量!

教育部高等学校设计学类专业教学指导委员会副主任委员

同济大学教授　林家阳

2022 年元月 27 日

前 言

随着社会经济的快速发展,新时期工业设计人才的培养越来越重要。作为一名工业设计师,不仅要有科学技术、艺术、经济学、美学、心理学、市场学等方面的知识,还要具有多种形式的设计表现能力。产品效果图是设计者在产品研发过程中,为了达到预定的设计目标,通过各种媒介、技法和手段,以二维或三维的形式把自己的设计创意表现出来,从而使设计信息得以有效传达的一种创造性活动。它是整个设计活动中将构思转化为可视形象的重要环节,也是产品设计者应该具备的一项基本专业技能。习近平总书记在党的二十大报告中指出,育人的根本在于立德。全面贯彻党的教育方针,落实立德树人根本任务,培养德智体美劳全面发展的社会主义建设者和接班人。本书坚持德育为先,在深入学习"知识与技能、过程与方法"的同时,将学习和领悟党的二十大精神,培育和践行社会主义核心价值观贯穿于课程学习的始终。

本书由齐鲁工业大学艺术设计学院李西运教授和于心亭副教授共同编写,作者多年从事产品设计专业教学工作,深深体会到产品效果图在产品设计过程中的重要性。产品效果图绘制是一个从无形到有形,从想象到具象,将思维物化的过程。作者主讲的课程产品设计表现技法在 2020 年被评为"首批国家级一流本科课程"。出于课程建设的需要,在"齐鲁工业大学教材建设基金"的资助下,作者汇总了自己多年的课堂范画作品和文稿资料,面向高等学校工业设计、产品设计专业的学生和工业设计爱好者编写此书。

本书既强调了专业理论的指导作用,又以图片的形式展现了技法训练的实践性。书中提供了大量优秀的产品效果图,以便学生学习与临摹。本书在编排过程中参考并展示了大量的国内外优秀作品,在文中标注其出处。由于条件所限,个别作品的出处无法查证,在此谨向这些作品或文献的作者深表歉意,并向所有提供资料的作者表示衷心的感谢!

编者

2023 年 1 月

课时安排

建议 64 课时(16 课时×4 周)

章节	课程内容	课时
第一章 产品效果图的 概念与基础 (18 课时)	第一节　产品效果图的基本概念与历史发展	1 课时
	第二节　产品效果图的特征、作用与分类	1 课时
	第三节　产品效果图的工具与材料	2 课时
	第四节　产品效果图的透视	4 课时
	第五节　产品效果图的形体表现训练	4 课时
	第六节　产品效果图的材质表现	4 课时
	第七节　产品效果图的光影与色彩	2 课时
第二章 产品效果图的 绘制技法 (40 课时)	第一节　训练一——设计草图绘制	8 课时
	第二节　训练二——数字手绘画法	8 课时
	第三节　训练三——马克笔色粉画法	8 课时
	第四节　训练四——水粉底色画法	8 课时
	第五节　训练五——色纸画法	8 课时
第三章 产品效果图 欣赏与分析 (6 课时)	第一节　设计草图——几笔勾勒现创意	1 课时
	第二节　数字手绘效果图——客观真实易修改	2 课时
	第三节　马克笔色粉效果图——清洁细腻塑精彩	1 课时
	第四节　水粉底色效果图——流畅笔触显大气	1 课时
	第五节　色纸画法效果图——基色已定绘明暗	1 课时

目 录

第一章

产品效果图的概念与基础

本章摘要

本章是该教材的基础知识部分,阐述了产品效果图的特征、作用与分类;详细介绍了绘制产品效果图常用的工具与材料、效果图的透视画法、产品形体表现的训练方式,以及如何处理产品效果图的各种材质表现和光影关系等。学习这些基础知识,了解绘图工具的用法,掌握产品形态表现和材质表现的技巧,是画好产品效果图的关键。

产品效果图是设计师在设计过程中,为了实现预期的设计效果,通过各种媒介,使用各种技法与手段,以二维或三维的形式把创意想法呈现出来的一种绘图形式,同时也是一种创造性活动。产品效果图的绘制是一个从无形到有形,从想象到具体,将创意想法物化出来的过程;在绘制的过程中设计师需要把产品的形态、结构、质感、色彩、空间感等呈现出来,必要时还需要展现产品的使用情景、细节、尺寸及需要使用的加工工艺等。产品效果图包括设计草图、手绘效果图、电脑绘制效果图等多种表现方式,受篇幅限制,本章主要介绍设计草图、手绘效果图这两种产品表现形式。

第一节 产品效果图的基本概念与历史发展

一、产品效果图的基本概念

产品效果图,也叫设计预想图,以客观事物作为表现的依据,以真实表达设计的面貌作为追求目标,要求具有一定程度的具体性、准确性、真实性、完整性、规范性和传达性,几乎不存在夸张与变形。效果图表现方式丰富,可以使用马克笔、色粉、彩色铅笔、水彩、水粉等多种绘画材料,以及多样的辅助工具共同完成。效果图既是设计师对自己设计效果的检验,也可用于展示设计创意、交流设计想法、呈现设计结果。效果图表现的最终要求是真实性,主要特点是严谨,在工程技术上也要求效果图偏向理性化。效果图好坏的评判标准主要有以下几点:结构是否清晰准确,材质质感是否逼真,造型是否完整规范,配色是否和谐到位等。

效果图本质上是一种进行信息表达的载体,是一种十分直观的视觉语言。在表现方面需要设计师具备一定的造型基本功,从而对产品的形体、色彩、质感等多方面进行效果表现。所以设计师的绘画基础是否扎实,会直接通过效果图的最终效果呈现出来。效果图使用的颜色真实明快,绘制形式概括整洁,有很强的理性风格,绘制的步骤及方法比较规矩严谨,由于精度的要求,部分直线及曲线的绘制需利用工具仪器辅助。在平面、立面、倒角、弧面和空间感的处理上,都有"规范画法",所利用的参照物、使用情景等因素都是规范统一的,随意发挥的情况较少。进行画面处理时,形式美的应用、配色、构图、虚实变换、强弱对比等表现形式源自绘画的基础训练。效果图的代表风格是理性的、规范的,随心所欲地绘制不是效果图的主流。巧妙地利用各种绘画技巧,增强效果图的表现力,更好地传达设计创意,才是正确的道路,也是效果图绘制中应有的绘画观。

二、产品效果图的历史发展

效果图是一种特殊的绘画语言。随着英国工业革命的发展,大量工业产品批量生产,产品效果图在英国、美国等国家得到快速发展和推广。大约 20 世纪 80 年代初,产品效果图在国内开始出现。经过了一段时间的萌芽与发展,到 80 年代中期,国内一批先进设计师通过探索与研究,并结合市场的需求与实际的应用,寻找到了一种适合于国内现状的表现技法,基本以水彩、水粉两种材料为主,汇总出了一套较为成熟完整的表现技法。

发展到 20 世纪 90 年代初期,水粉及水彩的技法得到了广泛推广,并与当时的喷绘技巧结合,形成了一系列极具表现力的综合手法。与此同时,以日本大师清水吉治为代表的马克笔加色粉的快速表现技法,迅速在国内流行,这段时间也是手绘效果图的兴盛阶段。90 年代后期,随着科学技术的迅速发展,计算机的升级换代,电脑效果图的绘制越来越得到人们的青睐。但手绘效果图和电脑效果图在绘制特色、表现效果等方面各具特色,手绘效果图依然具有不可替代性。目前许多高校的效果图课程,在内容设置上多以草图加电脑效果图表达为主,用以记录灵感,传达创意的产品快速效果图迎来了新的天地。

自 2005 年以来,以刘传凯为代表绘制的产品快速效果图凭借强劲的工程性和绘画性,成为效果图绘制的主流方式之一,其出版的书籍成为许多高校的手绘课程教材。同时黄山手绘的技术化、技巧化,也形成一种特色鲜明的手绘风格,且其一直致力于将产品效果图发展为一项实用性强、门槛低、大众化的设计表现形式。目前,产品效果图以一种更简单、更便捷的表现形式流行起来,并且更多风格独特的表现技法层出不穷,呈现出了百花齐放、百家争鸣的局面。产品效果图的绘制应当把设计创意和设计应用结合起来,并与科学技术相融合,承载着展现设计创意、进行设计方案交流的重要作用。

▌ 第二节　产品效果图的特征、作用与分类

▶ 一、产品效果图的特征

1. 真实性

产品效果图要符合视觉真实性,在立体造型、材料质感、外观色彩等诸多方面都必须符合设计师所预想的效果,例如产品体量与比例、尺度等。

真实性是产品效果图的基础,不能随意改变功能尺寸,或者片面追求某种"艺术性"而背离设计意图。产品效果图是具有说明性的形式,而说明性寓于其真实性之中,可以简单直接地从效果图上理解设计构思,以及观看设计的最终效果。

产品效果图所描绘的产品受到技术、工艺等方面的限制,需要在产品效果图上有效地传达产

品的加工制造技术、模具结构形式、制造工艺、装饰件的加工和印制技术、产品表面肌理的处理、机体的涂装等方面的信息。通过产品效果图,可以看到在技术条件、工艺水准、资金成本和适当价格前提下的工业产品设计,同时整个设计要符合企业加工制造的条件。

2. 快速性

设计的灵感往往稍纵即逝,设计者有了好的创意,需要快速准确地记录下来,而产品效果图可以说是设计者最快的表现工具。不需要昂贵的设备和材料,没有语言上的障碍,只需一支笔和一张纸,手脑并用,就可以把脑海中的灵感快速地表现出来,使得灵光一现的无形思维展现在纸面上。可以说,产品效果图是设计师必备的表现技能,是最快捷、最方便的设计工具(图1-2-1、图1-2-2)。

图1-2-1 电钻设计效果图 李帅　　　图1-2-2 球鞋设计效果图 于程杨

3. 直观性

产品效果图可以直观地表现出设计者的构思创意,把思维转化为直观的图形,化抽象为具象,让客户或其他非专业人员看到效果图就可以理解设计师的创意思维。它可以完整地展现产品的形态、结构、细节、色彩、材质、光影等属性,甚至可以通过工程制图或三视图表现产品尺寸,通过爆炸图表现产品内部结构和生产工艺,通过产品使用场景图表现产品的使用说明等。

4. 实用性

产品效果图的根本目的是指导设计实践,没有实用性会失去产品设计的意义。产品效果图能够体现产品设计方案是否可行,也可以直观地传递产品信息,对评估论证起到不可或缺的作用,同时也能看到设计的价值。凭借效果图提供的产品信息可以研究产品是否达到设计的目标和技术要求;产品内部结构与外在造型是否构成了有机的整体;材料选用等方面是否发挥了产品的各种性能;产品的技术、安全性能等是否达到了设计要求;产品的结构及所使用的材料、装配工艺是否合理;产品的加工制造和批量生产是否可行;产品的投入成本和利润是多少;产品在设计中还有哪些地方需进一步完善等,这些都是可以通过产品效果图传递的产品具体信息。

5. 美观性

产品效果图区别于艺术绘画,它缺少丰富复杂的色彩和光线的变化,没有与绘画主题相呼应的真实背景的衬托。但是,设计师绘制产品效果图不仅仅是展现自己的设计创意,还要把产品的材质、色彩、结构、形态、使用状态等特点全面综合地展现在他人面前,这就需要充分展示所设计产品的美感。优秀的产品效果图里蕴含着设计师的感情,设计师是产品的创造者,有感情的设计才会打动他人,有感情的产品才会获得消费者的认可。所以,产品效果图不仅仅是一件融合了生产技术的展现品,更是一件富有感情的、美观的艺术欣赏品(图1-2-3)。

图 1-2-3　电钻设计效果图　李帅

6. 规范性

设计既是无拘束的,又是富有创意的。但是,产品效果图在光线、色彩、背景等方面确有一定的规范要求。艺术绘画为了表现强烈的意境和氛围,会使用多变的光线;而产品效果图为了更好地表明产品的体面关系,对光线的角度及其强弱做特殊的规定,使光线问题逐渐的简单化和规范化。艺术绘画在绘制颜色时注重考虑环境色和条件色,多着力表现色彩丰富而细微的变化,使得画面丰富绚丽;产品效果图则注重产品本身的固有色,只需表现出产品的色彩感觉,而对于环境色的表现做了限制要求,只在需要的情况下使用。在绘制艺术画时,背景的绘制与所绘制的主题是完全融合的,是所表现的主题和内容不可或缺的一部分;而产品效果图的背景只是产品图的一种衬托,为了突出产品的表现效果,不需要绘制具象的真实的背景,绘制的内容比较单一。

▶▶ 二、产品效果图的作用

产品设计实践性很强,它根据市场的需求和对消费者的分析,对脑海中构思的产品从色彩、构造、形态、材料等各个方面进行综合设计,使产品既能满足人的物质需求,又能满足人的精神需求。产品效果图可以说是产品设计的通用语言,是产品设计者必用的交流工具,也是设计者向他人传达设计创意的基本媒介,是设计者需要掌握的一种最基本的素质。

1. 产品效果图能够化无形为有形,展现设计者的创意思维

创意是无界限的,是不分种族、国别、地域的,但是,创意又是抽象的,虚无缥缈的,如何把创意思维具象的展现呢?这就需要一个转化工具,把无形的思维转化成有形的实物。可以说,产品效果图是完美的转化工具,能够把设计者思考的关于产品的形态、色彩、材质、结构等完美地展现出来。设计的过程先是设计师对产品整体的构思,再对设计理念进行各个阶段的论证和细致规划,最终落实为设计方案。这些最初的构思展现了设计师的思考,初步表达了其核心思想并概括了形象,为以后的设计过程奠定了基础。产品效果图将虚拟的构想加以视觉化,将抽象的形象具

体化,充分表达一个产品的完整面貌。同样的,设计创意是转瞬即逝的,设计灵感有时候会突然出现,很多时候最终的表现与最初的创意有很大的关系,这就要求设计者以最快、最直接、最简便的方式将设计灵感记录下来,而这种记录方式通常是以图形呈现在纸面上的手绘表达(图 1-2-4、图 1-2-5)。

图 1-2-4 越野车设计效果图 李西运　　　　　图 1-2-5 吸尘器设计效果图 李西运

2. 产品效果图是产品设计的交流语言

试想一下,在你脑海里有个很好的创意想法,你尽全力去和他人说明,但是他人可能很难通过你的口头表述明确你的表达,这时就需要某种媒介把设计者脑海中的想法明了地展现在他人面前。同样,不管是企业的设计部门还是专门进行设计的公司,一般都是一个团队合作负责一个设计项目,这个项目是设计部的设计师、生产部的工程师、专门负责设计的项目经理等不同角色的人一起配合完成的。在产品设计的过程中,需要部门之间、设计者之间不断地进行方案探讨、意见沟通、问题解决的交流,在交流中需要一种快速、准确、无障碍的语言,产品效果图就承担了这个重要的责任。可以说,一张快速勾勒出的产品效果图要比说上半小时的话好得多。

3. 产品效果图能够传达真实的表现效果

图形以其独特的表现力,在设计中展示着独特的视觉魅力。图形是设计中提高视觉注意力的重要素材,能够下意识地影响设计的传播表现。图形给人的视觉印象要优于文字,更能表达设计者的设计思想,如设计草图、效果图、透视图等。新颖独特的效果图语言能准确且清晰地表达设计的主题(图 1-2-6、图 1-2-7)。

4. 产品效果图能够展现设计者的设计素质

绘制产品效果图是产品设计过程中创意展现的阶段,是不可或缺的一步,效果图的表现能力也成为衡量设计者设计素质的一个重要标尺。设计师绘制产品效果图时需要展现产品的形态、色彩、材质、结构等,需要把产品的使用环境、制造工艺、产品尺寸、加工材料、功能展现、人机工程等特殊要求表现出来,这些不仅仅考验设计者最基本的产品造型能力、色彩分析能力、透视表现

图 1-2-6　塑料材质效果图　于程杨　　　　图 1-2-7　金属材质效果图　于程杨

能力,更需要设计师掌握产品的加工工艺、新型材料使用、人机工程分析等方面的知识。同时,通过产品效果图还可以表现出设计者对所设计产品的感情和付出的心血,只有付出心血、充满感情的产品才可以获得消费者的信赖。由此看来,产品效果图可以反映出设计者的综合素质,是设计者自己的名片。

5. 产品效果图能够给未来生产提供强有力的依据

产品效果图可以从外而内:先考虑外观的形态,再对内部零件进行调适以符合外观的设计要求。或者从内而外:先安排产品内部零件的位置,再考虑外观形态的可能性。优秀的产品效果图应表现迅速、有效、明确,以便跟上设计思维的运转,提供尽可能多的优秀设计方案。在完成产品效果图之后,可根据效果图进行初步的模型制作,这也是检查外观或结构是否合理的方法之一。

▶ 三、产品效果图的分类

概括地说,产品设计是一个方案构思—推敲—方案具体化—再推敲—各部细节设计多次往复、循序渐进的过程。不同的设计阶段,思考的重点不同,表现技法亦有层次上的不同,因此产品效果图可分为设计草图、手绘效果图、电脑绘制效果图等三种类型。

1. 设计草图

设计草图也叫构思草图,主要用在产品设计前期的资料收集、方案构思和设计展示与讲解阶段,设计草图不仅有记录和表达的功能,还反映了设计师对方案进行推敲和理解的过程。在设计的前期,尤其是方案设计的开始阶段,运用徒手草图的方式,可以把一些模糊的、不确定的想法从抽象的头脑思维中延伸出来,将其图示化。这样便于设计师敏锐地抓住设计过程中随机的、偶发的灵感,捕捉创新的思维火花,发现问题,再一步一步地趋近设计要求。

在几秒或者十几秒的短暂时间里,通过手脑并用、徒手绘制的方式把脑海中的灵感及创意想法表现在画纸上,获得大量的草图构思方案,从而对产品的形态及功能进行综合分析和推敲。因此,在产品设计学习的起始时期,需要增强产品设计手绘草图的训练强度,可以通过手脑结合的方法徒手绘制产品草图,这样既提高了徒手绘制的动手能力,也加强了大脑快速思考的创意能力。在画设计草图的过程中,注重的是设计者的创意构思,画起来可以比较随意,不需要考虑产品的细节、色彩、材质、光影等内容(图1-2-8、图1-2-9)。

图1-2-8　汽车设计草图　李帅　　　　　图1-2-9　飞机设计草图　李帅

2. 手绘效果图

手绘效果图根据表现的详略程度,可分为概略效果图和最终效果图两种,也是手绘效果图绘制的两个不同阶段。手绘效果图是在设计草图表达基础上的深化,能更加细致地表现产品,从产品透视、形体关系、材料质感表现、画面气氛的营造、画面整体表现、运笔技巧等方面全面综合地反映设计方案。手绘效果图与传统的艺术绘画相比,需要考虑产品的消费市场及消费人群。因此,要把产品的使用环境、制造工艺、产品尺寸、加工材料、功能展现、人机工程等特殊要求表现出来,这时就需要绘制出产品的工程图、工艺材质分析、生产爆炸图及使用场景图等,增加产品设计表现的直观性和创造性。

概略效果图是设计师把前期的创意草图综合分析、整合后的第一阶段,是为了让更多的人了解设计师的创意和构思,此时效果图对形体的塑造开始清晰化、明确化。随着设计方案的不断完善,产品设计的总体形象以及每个细节都已经设计完成,此时将进入最终效果图的绘制。详细、准确是最终效果图的特征,它细致地解读了产品造型设计所包含的外部造型、内部构造、工艺处理、材料的质感、色彩以及结构等(图1-2-10、图1-2-11)。

3. 电脑绘制效果图

随着计算机技术的发展,越来越多的产品设计已经不再使用尺、规、笔、纸等绘画工具来绘制产品效果图,取而代之的是高效率的计算机辅助设计,使得产品设计从效果图到设计、生产、销售都通过计算机来辅助完成,计算机辅助设计逐渐成为设计中不可缺少的一步。电脑绘制效果图也是产品设计表现的重要部分,包括二维平面效果图和三维立体效果图。

图 1-2-10　概略效果图　于程杨　　　　　　图 1-2-11　最终效果图　李西运

电脑绘制效果图有着与传统手绘不一样的地方。首先,电脑绘图的色彩选择具有多样性,只要是我们可以感知到的颜色都可以选择,与马克笔上色相比,避免了由于马克笔颜色的缺少而无法满足设计需求的问题,色彩的明度、饱和度、对比度都可以按照需求设置;其次,电脑绘图具有准确性,电脑绘图附有尺寸的输入,可以完全按照产品的需求绘制效果图,而传统的手绘只能凭借着设计师的感知绘制,缺少准确性;最后,电脑绘图具有易修改性,当我们使用电脑绘图时,画错的地方可以快速修改或者撤回再次绘制。

在设计方案确定后,借助电脑绘制精细的产品效果图,实现多角度、清晰展示设计方案的目的。现阶段常用的电脑软件有 Photoshop、Coreldraw、3Dmax、犀牛、Autocad、Proe 等软件。Photoshop、Coreldraw 软件用于对产品操作面板设计的表现,还可以在三视图的基础上表现产品各个投影面的真实表现;3Dmax 软件用于表现产品的三维立体感和表面质感,适用于产品宣传和决策;犀牛软件适合产品内部结构的表现;Autocad 的作用主要在于精确制图;Proe 软件也是一种三维软件,建立在 Autocad 基础之上,可以直接驱动激光快速成型机做出真实的产品样机模型(图 1-2-12、图 1-2-13)。

图 1-2-12　踏板车电脑效果图　娄爱明　　　图 1-2-13　音响电脑效果图　张鑫

综上所述,设计师可以根据所处的设计阶段和产品的设计类型灵活运用不同类型的表现手法和技巧。设计师也可以运用工程制图表达对较小型产品的设计构思。对于规模较大的产品设计,则应该按照设计的程序循序渐进地进行。

第三节   产品效果图的工具与材料

效果图的绘制需要大量的工具与材料,新的绘图工具和材料也在不断出现。为了方便区分,我们将绘图用具分为基本工具和常用材料两大类,下面分别做简要介绍。

▶ 一、基本工具

1. 笔类

绘制效果图所使用的画笔种类很多,根据表现的对象不同,以及采用的方法不同,可选用相应的画笔。笔类主要有:铅笔、自动铅笔、彩色铅笔、圆珠笔、针管笔、马克笔、色粉笔、底纹笔、高光笔、鸭嘴笔、美工钢笔等(图 1-3-1)。

常用工具用法(一)
(马克笔、色粉笔、
鸭嘴笔的用法)

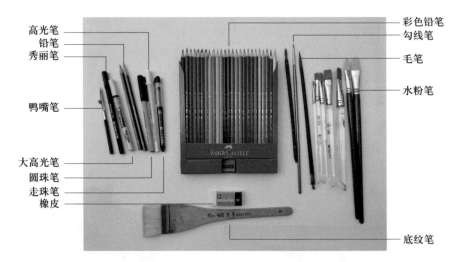

图 1-3-1   笔类设计工具

(1) 铅笔

铅笔是最大众化的绘图工具之一,可以画出干净、清晰的线条,并且易于处理和擦除,日常维护也很简便。通常情况下,铅笔可根据笔身末端的标号来区分笔芯的硬度,标号从 B 到 8B 代表其软度逐级增加,较软的铅芯可以画出较黑的线条;标号从 H 到 9H 代表其硬度逐级增加,较硬的铅芯可以画出更多细微的灰色层次。

（2）自动铅笔

自动铅笔有一个按钮,通常在笔身顶部或侧面,在使用的时候按动按钮吐出铅芯,省去了削铅笔的不便,十分快捷。铅芯规格从 0.3 毫米至 0.9 毫米不等,0.5 毫米及 0.7 毫米的铅芯使用率最高。

（3）彩色铅笔

在绘制产品效果图时,彩色铅笔应用较为广泛,一般分为干性彩色铅笔和水溶性彩色铅笔两类。彩色铅笔携带方便,表现容易,其中干性彩色铅笔应用起来稍显粗糙、干涩;而水溶性彩色铅笔因其可溶于水、笔性较软的特性,在绘制时能营造更为细腻、丰富的画面层次和空间感,且能够较好地与马克笔、色粉笔配合使用。

运用彩色铅笔可以对产品的细节进行处理,例如产品的分模线,产品中的凹槽、美工槽,产品的高光线以及强调产品的轮廓线等。彩色铅笔中的白色铅笔可以绘制玻璃、浅色塑料等材质的反光部分。

（4）圆珠笔

圆珠笔的特点是使用方便快捷、绘图过程流畅,可通过用笔的轻、重、快、慢绘制出多样的线条去表现产品的各处细节,塑造画面笔触轻重的层次感。其缺点是用马克笔上色时,若碰到圆珠笔绘制的线条容易晕色。

（5）针管笔

针管笔因其形状类似针管而得名,针管笔的笔芯及笔尖均为尼龙材质,其特点是型号粗细丰富,线条规范、精细、挺直,通过点或线的组织、叠压及疏密变化,可以产生多样的渐层效果,理性、精密而有光感。针管笔的型号众多,按照笔头的粗细划分系列型号,目前市场上出售有 0.1 至 1.2 等各种型号,运用不同粗细的针管笔能绘制出丰富的层次感。针管笔配有专用墨水,用来勾画效果图的轮廓线、结构线,有时也可使用彩色或白色墨水,以表现某些特殊效果。

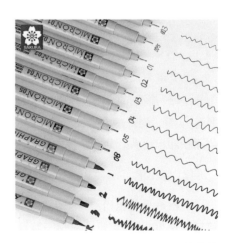

针管笔运笔时,通常采取直握的握笔方式,尽量将笔尖垂直作图,勿过分倾斜,这样不仅能保证线条粗细均匀一致,也避免损坏笔尖（图 1-3-2）。

图 1-3-2　针管笔

(6) 马克笔

马克笔通常用来快速表达设计构思,是最主要的绘图工具之一。马克笔有单头和双头之分,墨水有水性、油性和酒精性三种。水性马克笔没有浸透性,颜色亮丽、清透,效果与水彩大致相同,常用于材质粗糙、肌理丰富的产品绘制,且价格较为便宜;油性马克笔干得快、覆盖性强,耐水、耐光性好,颜色持久,能在任何表面上使用,如玻璃、塑料等,其颜色不溶于水可以与水性马克笔混合使用;酒精性马克笔以酒精为溶剂,其特点是笔触之间可以很好地溶在一起,使画面看上去色彩夺目、均匀。马克笔的优点是善于在手绘中表现产品的色彩和光影,且能表达出产品的整体造型以及材质(图1-3-3)。

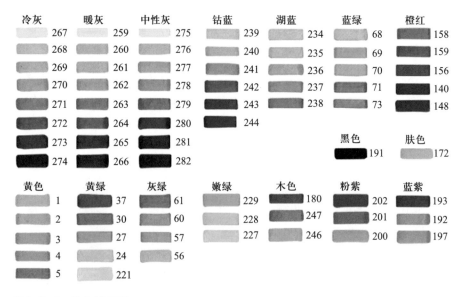

图1-3-3   马克笔色系

马克笔有黑、灰色系列和彩色系列,每个颜色都有对应的编号,不同品牌同一色彩的马克笔的型号是略有区别的。马克笔的笔头是专为绘图而设计的,笔头形状有宽有窄、有粗有细,其型面主要有:尖锋、宽锋、底面平锋。尖锋通常用来画细线和细部刻画;宽锋和底面平锋则比较适合处理大的面积和粗线条。马克笔的使用方法主要有:排笔、斜推、扫笔、点描、叠加等(图1-3-4)。

(7) 色粉笔

色粉笔是将色粉混合黏合剂调制成糊状的颜料粉,压模凝固后形成色相丰富的色棒。色粉笔铺色速度极快,可迅速涂满一整张纸。色粉笔可水溶,比较适合于表现产品材质的细腻,也可以表现出条纹状或粒状的效果,且对反光、透明体、光晕的表现有很好的效果。但色粉笔的明度、纯度较低且附着力较差,经常需要与马克笔、彩色铅笔结合使用,所以绘制完成后一定要喷涂定型液(图1-3-5)。

图 1-3-4 马克笔

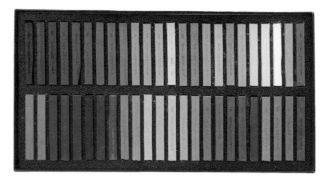

图 1-3-5 色粉笔

　　色粉笔可直接绘制长短线,然后再进行适当的效果处理;也可用美工刀将色粉均匀地刮下来,用纸巾或化妆棉在色粉(色粉可直接使用,为增加其在绘制时的画面细腻感,常与婴儿爽身粉混合调匀使用)上研磨后,擦拭在所要表现的位置上。擦拭时须尽量小心,避免造成纸张表面过于光滑,导致后续无法上色。在初稿完成后,用定型液将图面喷洒一遍,待定型液干透再进行描绘。在画面颜色不深的位置逐步加深,直到效果满意为止(图 1-3-6、图 1-3-7)。

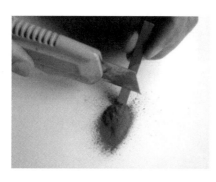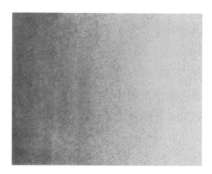

图 1-3-6 色粉笔的使用　　　　　　　　　图 1-3-7 色粉渐变效果

(8) 底纹笔

底纹笔笔头由羊毛制成,质软,主要用于涂刷大面积底色和色块,是底色画法必备的工具。底纹笔上色速度很快,熟练使用后可快速铺满画面。在使用时,用蘸好颜料的底纹笔在裱好的纸面上涂刷,颜色的浓淡以及涂刷的笔触方向可根据需要而定。由于纸的吸水性,应该先裱纸,再涂第一层底色,涂色后纸面会拱起,待纸面吹干、整平后,再涂第二层颜色,从而保证笔触的流畅和画面的整洁。

(9) 高光笔

高光笔在产品效果图中是提高画面局部亮度的工具,是描绘强高光的工具之一。白色的彩色铅笔可作为次高光,白色的色粉笔适合于表现微高光、散高光等部分。高光笔的覆盖力强,能够表达产品的高光与反光。除此之外,高光笔还适用于绘制产品中的玻璃、塑料、金属、木材、陶瓷等材质,也常用于高光底色的绘制中,起到画龙点睛的作用。

(10) 鸭嘴笔

鸭嘴笔多用来绘制效果图的单线部分,强调产品的轮廓线、分模线等。通过笔上的螺母调节宽度,螺母拧得越紧,画出的线条越细致;螺母拧得越松,画出的线条越粗实,并能自由更改色彩。使用鸭嘴笔画出的线条笔触整洁规范,流畅圆润,画面干净,但鸭嘴笔在使用过程中略显烦琐。

在使用鸭嘴笔时,不能直接蘸墨水,而是用毛笔蘸上颜料滴入两片鸭嘴尖之间,颜料浓稠度要适中,然后像握钢笔一样直握用笔,运笔时保持带螺母的一方向前,绘制出线条,最好配合界尺来使用(图 1-3-8)。

(11) 美工钢笔

美工钢笔携带方便,易上手,使用时通过控制其笔尖和纸的接触面积来表现线条的宽窄变化。美工钢笔不但可用来画线,还可以画面,笔触变化灵活、快捷,极具表现力。美工钢笔是产品速写常用的工具,尤其适用构思与记录灵感(图 1-3-9)。

在绘制产品效果图时,合理规范地运用各类笔,不但可以塑造出完美的形态,还可以将产品的质感、色彩等淋漓尽致地展现出来。如画设计初稿时,运用的工具有绘图铅笔、针管笔、中性笔等;在着色过程中主要运用马克笔、彩色铅笔、色粉笔、毛笔等;底色画法时利用底纹笔涂背景以及大面积着色;高光画法时利用高光笔进行形态、细节的绘制;鸭嘴笔、白圭笔则主要用于对产品细节部分的描绘等。

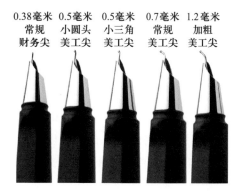

| 图 1-3-8 鸭嘴笔的使用 | 图 1-3-9 美工钢笔 |

2. 尺规类

尺规类包含尺子和圆规两类,主要有直尺、模板尺(曲线板、圆模板、椭圆板)、蛇尺、界尺、圆规等(图 1-3-10)。

常用工具用法(二)
(蛇尺、界尺的用法)

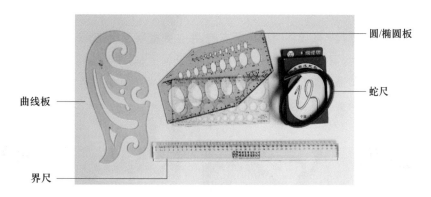

图 1-3-10 尺规类工具

(1) 直尺

直尺,也称间尺,具有精确的直线棱边,用来测量长度和作图。直尺常见的材质有塑料、木材与金属三类,是画直线条时必备的工具之一。

(2) 模板尺

模板尺的材质一般为金属与塑料两种,它包含多种不同形状,如正圆形、曲线形、椭圆、方形、圆角矩形和某些特定形状。在平时的效果图绘制中经常使用圆形、椭圆的模板尺。曲线形模板尺是设计师在长期实践中总结出来的效果图专用尺,这种专用尺能与随手勾勒的任意曲线贴切地吻合在一起。使用时,将曲线尺放置于画面上,寻找曲线尺上与自己要绘制的曲线局部吻和的部分,用笔勾勒出即可;正圆形模板尺也可替代圆规,有不同直径的圆形模型;椭圆模板尺在绘制产品透视图时可大显身手,省时省力。根据设计师的需求,模板尺设有不同的尺寸,设计师利用好模板尺可以节省很多的时间。

(3) 蛇尺

蛇尺的材质一般为软橡胶,中间加进柔性金属芯条制成。蛇尺比曲线板更为灵活方便,适用于自由曲线的绘制,可以弯曲成期望的曲线。在绘制曲线时,首先要求蛇尺弯曲流畅,不能存在小的凹凸线;其次由于蛇尺较软,在画线时手要紧靠蛇尺,用力均匀,不能使其变形(图 1-3-11)。

(4) 界尺

界尺在绘制效果图中起到支撑的作用,也有利于稳定的运笔,是一种十分有效的工具。界尺既可以在市场上直接购买,也可以自己动手制作。界尺的制作很简单,把两把长度相同的直尺用胶水拼接在一起即可。

操作界尺一般要同时使用两支笔,手法如握筷子状,鸭嘴笔使用界尺的情况居多。在使用两支笔绘制时,需将界尺平放或直接手持在纸面上,与需要绘制的直线平行,使其距离适中。同时,将画线的笔蘸足颜色,保证其在画线的过程中能够均匀着色,然后以另外一支笔的一端为支点,平行移动两支画笔,绘制出平滑的直线(图 1-3-12)。

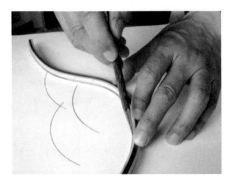

图 1-3-11　蛇尺的使用　　　　图 1-3-12　界尺的使用

(5) 圆规

圆规是绘制圆形图样的工具,结构较为简单,由两部分构成。圆规包含不同的种类,简易圆规可以绘制简单的圆形;高精度的圆规用于完成精准度需求高的作业。卡钳式圆规非常实用,可以夹上其他我们所需要的工具,如彩色铅笔、鸭嘴笔、针管笔和记号笔等。

3. 辅助工具类

为了增强效果图的表现效果,提高创作效率,设计师经常会使用一些辅助性工具,主要包括:遮盖胶带、溶剂、笔刀、定画液、擦笔、电吹风等。

(1) 遮盖胶带

遮盖胶带是湿画法中经常会使用到的辅助工具之一,具有易贴易撕的特点,且在贴撕过程中不会损坏绘图的纸张,并能有效防止在使用马克笔、彩色铅笔、色粉笔的过程中绘制超出表达范围的问题。在使用遮盖胶带前在白纸上先起稿,当清楚了画面的具体构图后,再将其贴于需要遮盖的部位并用刀具裁出轮廓;画面完成后,撕掉即可(图 1-3-13)。

图 1-3-13　遮盖胶带

(2) 溶剂

溶剂主要用来溶解色粉笔的粉末。酒精是一种很实用的溶解剂,它容易获取且使用起来便捷,由于酒精的易挥发性需要密封保存。

(3) 笔刀

笔刀由锋利的三角形刀片、便于手握的金属笔杆构成。它十分方便使用,对于切割的轨迹控制性很强,适用于对精度有一定要求的情景。当笔刀的刀片使用起来卡顿不锋利时,笔头可拆卸更换新的刀片。

(4) 定画液

定画液也被称为保护胶,起到一个封层保护的效果。当绘制的效果图使用了铅笔、色粉笔或彩色铅笔等工具时,粉质的吸附力并不强。因此需要在作品完成后,喷涂定画液来加固这些粉质颗粒,防止颜色脱落,有利于效果图的长期存放。在喷涂定画液时,喷口需与作品保持 30 厘米左右的距离,均匀地喷涂一层。喷涂完定画液的作品会有一定的光泽,如有画面区域需要亚光效果可利用美纹胶带遮挡住,以避开喷雾。不同工具绘制的效果图有对应的定画液,可根据需求喷涂。

图 1-3-14　擦笔

（5）擦笔

擦笔的整体形态为圆柱形，与我们平时使用的笔类无异，制成材料为纸类。它可用来涂抹铅笔类的笔触或色粉的过渡，使画面柔和、细腻。擦笔还可以用来制造阴影调子渐变，以此增强物体的体量感。注意要将涂擦暗色调与涂擦亮色调的擦笔区分开来，以免弄花画面（图 1-3-14）。

（6）电吹风

电吹风主要在水彩、水粉等湿性颜料表现时使用，纸面被打湿后起皱会影响后续的作图，需要等颜色干透后再继续绘制。为了加快画面干燥的速度，提高设计师的绘画效率，可以利用电吹风（550 W 左右）这一工具。使用电吹风时，出风口垂直于画面，并注意左右晃动吹风使画面受热均匀。

二、常用材料

1. 颜料类

常用颜料有水粉颜料、水彩颜料、丙烯颜料和墨水（图 1-3-15）。

水彩颜料

盒装颜料

彩色墨水

水粉颜料

丙烯颜料

图 1-3-15　各种颜料

（1）水粉颜料

水粉是绘制设计效果图时比较常用的颜料之一，具有色泽鲜艳、覆盖力强、不透明、可直接与水调和等特点。因此，这种绘画颜料适用于表现大面积的体块，强调固有色强度以及转折面较多的产品。另外，在调制使用时要注意浓稠度，过浓容易导致画面开裂，而过于稀薄则会导致画面脏污。

目前市场上主流的水粉颜料有管装和瓶装两种,其中管装水粉颜料颗粒细,质量较高,适合刻画细节,也更容易与其他的颜料配合使用;而瓶装的水粉颜料颗粒较粗,适于绘制大幅表现图。总体来说,水粉颜料价格较低,易学易用。

(2) 水彩颜料

水彩颜料也是绘制设计效果图的常用材料,通常是盒装和管装两种形式。盒装的为固体颜料,在使用时需要用水软化后再进行绘制,携带方便;管装的糊状水彩则更容易被稀释。水彩颜料的特点是质地细腻、透明度高、色调明快,能通过颜色的透叠进行充分的表达,颜色叠加可以产生生动自然、层次丰富的融合晕染效果。但水彩的透明度也存在弊端,渲染时颜色出现差错无法覆盖,所以下笔前要考虑清楚。水彩的绘制手法包括提、按、拖、扫、摆、点等。

因水彩具有透明度这一性能,所以在表现透明和反光的产品时效果更出彩,例如常用来表现玻璃、金属、反光面等透明物体的质感。渲染着色时应由浅入深,尽量避免叠笔情况的发生,且笔端的水分要控制得当,水分过多会使画面脏污,水分过少又会导致色彩枯涩、透明感降低。

(3) 丙烯颜料

丙烯颜料有着独特的优越性,适用范围广,大众接受度高。其色彩鲜明、成分稳定,色层坚固且耐水,干后色彩会适当加深不会灰暗,适用于各种绘画技法,实用性强。另外,丙烯颜料还有一个显著的特点就是干燥速度快,既缩短绘画时间,又为后续的修改和补充提供了便利。

(4) 墨水

墨水是一种水性颜料,绘制时可以使用钢笔或刷子。用纯粹的墨水绘制时,能够直接表现出精准的效果;墨水稀释后又类似于水彩质地,表现出淡雅细腻,色调明快的效果。墨水也有许多种类,不同种类的墨水有不同的特性和颜色。例如黑色印度墨汁,由于它的墨色十分浓郁,常被设计师所用。此款墨水不透明,干透后不溶于水,绘制之前若用水稀释,则会产生一种更为柔和的效果,所以此款墨水也被用在水彩画的绘制中(图 1-3-16)。

图 1-3-16 印度墨汁

2. 纸张类

产品效果图用纸种类繁多,主要有:水彩纸、硫酸纸、水粉纸、复印纸、色纸、马克笔专用纸、素描纸和方格坐标纸等几种。

(1) 水彩纸

水彩纸一般是由纤维素、亚麻纤维或是棉制作而成的。因其纸质厚度适中、富有弹性，吸水性较强，无论湿画法还是干画法均可保持较好的画面效果，所以也是最受设计者喜爱的表现用纸之一。

(2) 硫酸纸

硫酸纸也叫作制版硫酸转印纸，是一种薄而透明、光滑细腻、纸质纯净且吸水性弱的描图用纸。基于以上几种特点，很多设计师喜欢在描绘产品轮廓后，直接用硫酸纸上色。硫酸纸用于马克笔、色粉笔等着色较多，也是复制移印产品轮廓细节的较佳用纸。在进行马克笔、色粉笔描绘时，也可借助硫酸纸半透明的特征，进行正反面同时绘制，既可以强化产品效果图的画面层次感，也可以更好地展示出产品的光影及明暗关系，创作出别具一格的画面质感 (图 1-3-17、图 1-3-18)。

图 1-3-17　硫酸纸一　　　　图 1-3-18　硫酸纸二

(3) 水粉纸

水粉纸是一种吸水性良好，表面有圆点形坑点，质地适中，涂色后色彩均匀，绘图效果较好的纸张。使用时，经常选择表面颗粒凹入的一面，有利于更好地表现出画面效果。

(4) 复印纸

复印纸极为常见，其表面光洁，白度好，略带通透性，在绘制产品草图时会经常使用，比较适合钢笔、铅笔、马克笔、圆珠笔等工具绘制设计草图 (图 1-3-19)。

(5) 色纸

色纸的质感较细腻，类似于彩色卡纸。现在市场上有多种颜色可供挑选，也可以用颜料涂刷底色的方法自制色纸，操作起来方便快捷。在平时的绘制中可以利用色纸的颜色进行底色作画，主要使用于底色高光法 (图 1-3-20)。

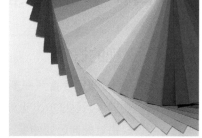

图 1-3-19　复印纸　　　　　　　　　　　　　图 1-3-20　色纸

（6）马克笔专用纸

马克笔专用纸是针对马克笔的特性而生产的一种纸类。它比复印纸稍厚,吸水度适中,不易产生晕染,不会渗透至下面的纸张,适合于马克笔作画(图 1-3-21)。

（7）素描纸

素描纸是一种价格低廉、使用普遍的纸张。需要注意其纸质较松,所以不宜过度摩擦,过度摩擦后纸面会起毛,影响后续的绘制与着色效果。

（8）方格坐标纸

方格坐标纸是以 1 平方毫米大小的方格进行印刷的纸张,主要使用在需要展示产品尺寸的草图中,适用于对绘制精度要求较高的情况(图 1-3-22)。

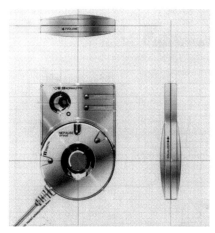

图 1-3-21　马克笔专用纸　　　　　　　　　　图 1-3-22　方格坐标纸

第四节　产品效果图的透视

一、透视的概述

日常生活中,我们会看到许多现象,如马路两旁一排排的树木、建筑物、路灯等物体,放眼望去会感到近处的大、远处的小,近处的宽、远处的窄,近处的粗、远处的细,近处的疏、远处的密;火车的两条铁轨由近处向远处伸展而逐渐靠近,最终渐渐消失到一点。这些客观存在的现象,在绘画技法表达中称为透视现象。

透视(perspective)是把物体看成透明的,是通过透明的平面去研究物体结构的科学。产品的透视是把所有产品看成透明的,前面、后面的边缘线都可以看到,进而把握产品的透视关系。像结构素描一样,把每个物体背后的结构都画出来,锻炼运用透视看物体结构的能力。表达好透视关系对画好产品效果图是非常重要的,要求我们理解透视的分类及规律,把握好产品设计表现图的透视关系。

隔着一层透明的平面观察物体时,物体在透明平面上的投影具有透视规律(图1-4-1)。由于对象物与平面的空间位置关系以及刻画角度不同,立体空间的三维物体在平面上可以描绘出各种不同形状的图形,这个就叫投影。投影包括平行投影和中心投影两种类型。

平行投影,即投射线平行在投影面上得到的投影。三视图就是运用平行投影得到的图形。

中心投影,即投射线贯通画面集中在投影中心,在投影面上得到的投影。中心投影是通过投影面观看对象物体,投影面上得到的投影就是透视图,具有真实性、立体感,所以透视图是最符合人眼观察物体的结果。

物体与视点之间假设的透明平面叫作投影面。中视线向正前方与地面平行,画面与地面垂直;仰视时中视线向上方倾斜,画面与地面倾斜,呈后仰状态;俯视时中视线向下方倾斜,画面呈前俯状态(图1-4-2)。

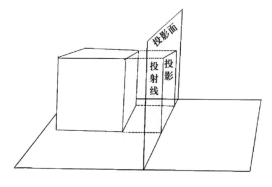

图1-4-1　物体投影关系　孙菁阳

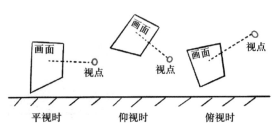

图1-4-2　不同角度的画面　孙菁阳

视距是视点到画面的垂直距离。画大的物体时,视距要远;画小的物体时,视距要近;画同一物体时,视距远近与作者构思有关。

视域分为可见视域和正常视域。头保持不动时,目光前视所能见到的范围称为可见视域,其视域范围较大,水平方向为180°,垂直方向为130°。正常视域约为水平方向60°的范围所视(图1-4-3)。

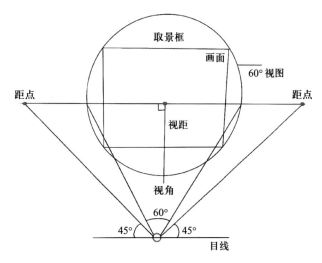

图1-4-3　视域范围　孙菁阳

透视的基本规律是近大远小,近实远虚,即遵循一样大的物体近大远小的体量变化和等距物体近大远小的画面"距离"变化,近处的物体显清晰,远处的物体显模糊。消失点法则是自然界中的平行线都相交于地平线上的某一个点。

▶▶ 二、透视图分类与应用

由于视角的位置和高度不同,物体和画面的角度不同,物体发生的透视变化也不一样,一般可分为一点透视、两点透视、三点透视等类型。下面以立方体为例,说明几种透视图的特征。

1. 一点透视

一点透视,又叫平行透视,这种透视图表现的立方体有一个面和画面平行(图1-4-4)。一点透视的立方体有两组平行线平行于画面,与画面垂直的那一组线形成透视,相交于视平线上的心点,即灭点。视平线以上的物体向下消失于灭点,视平线以下的物体向上消失于灭点,

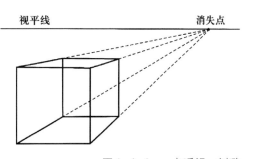

图1-4-4　一点透视　刘璐

心点周围的一切物体的边线都集中消失在这一点。一般在一个立面较复杂,其他立面较简单的情况下使用一点透视。同一灭点的立方体,因为其位置的不同,其被看见的方向面也是不同的。此法常用于室内透视,产品设计中使用较少。

在一点透视中,至少有一组平行线与视平线存在平行关系,其他线条延伸至远处最终汇集于一点。一点透视遵循以下三个原则:

① 与视平线平行的线条方向永远保持平行;

② 与视平线垂直的线条方向永远保持垂直;

③ 向三维纵向延伸的线条集中于一点,并且只有这一个点。

2. 两点透视

两点透视,由于立方体的两组主棱线与画面呈一定角度,又称成角透视,当立方体只有一组平行线(通常为高度线)平行于画面时,则长与宽的两组平行线各向左、右方向延伸,交于视平线上的两个灭点(图1-4-5)。两点透视的画面中,只有一组线(垂直于地面的线)是平行的,其余方向的线均是近大远小的关系。两点透视图中的物体放置比较灵活,可以根据构图和表现的需要自由选择角度,而且立体感强,能比较全面地反映物体的几个面,是设计表现图中常用的透视类型。

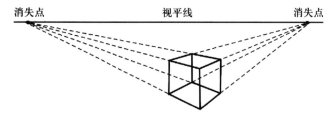

图1-4-5 两点透视 刘璐

两点透视相对一点透视来说,画面自由度要高许多,因而可以最大限度地避免透视效果的失真,更能直观、全面地表现物体的更多信息,画面也更富有表现力、感染力。由于产品的体量一般不是很大,按照一般的观察距离,大多使用两点透视即可表现出设计者的想法。

在两点透视中,平行线条与视平线不保持平行,并形成一定的角度关系,但至少有一组平行线条保持垂直关系。由此遵循以下两个原则:

① 与视平线垂直的线条永远保持垂直;

② 不垂直的平行线条必消失于视平线上的左右两个消失点。

3. 三点透视

当立方体的三组平行线均与画面倾斜成一定的角度时,这三组平行线则各有一个灭点,所以叫三点透视或倾斜透视(图1-4-6)。三点透视通常呈俯视或仰视状态,常用于加强透视的纵深感,表现高大物体。一般三点透视在表现与人体尺度差别巨大的物体时最常使用,如大型产品或建筑。由于三点透视作图步骤复杂,在产品效果图中实际应用较少。

在三点透视中,平行线条不与视平线保持垂直,也不与视平线保持平行。因此产生以下两个原则:

① 存在三个平行线条的消失点;

② 平行的线条既不平行于视平线,也不垂直于视平线。

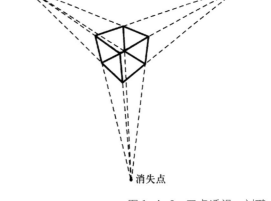

图1-4-6 三点透视 刘璐

4. 圆面透视

除直线会发生透视现象外,弧线也会发生透视现象。经过透视变形后,圆形会成为椭圆形,透视圆心偏向远处,也就是近处半椭圆的弧度比远处半椭圆的弧度大(图1-4-7)。圆面透视可通过在正方形的透视面中定点连线来绘制,常用的有八点画圆法(图1-4-8)。圆面透视的特征为单个圆面的近半弧线大于远半弧线,视圆面离视平线越远越圆,相反则越扁。

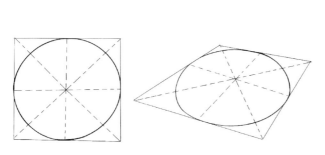

图1-4-7 八点画圆法 刘璐

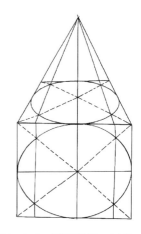

图1-4-8 圆面透视 刘璐

5. 构图与视角

构图就是在画面上把众多的造型要素有机地结合起来,并按照设计所需要的主题,合理地安排其在画面的位置,形成既对立又统一的画面,以达到视觉的平衡。

根据视觉规律,人的最佳视点在画面的正中偏上一点,因此我们一般采用的构图是将主体物或物体的主要结构面放在该位置,大小适中、感觉舒适即可。

视角是描绘一个物体形态时首先要考虑的问题。在产品设计表现图中,使用最广泛的透视有两种:一是 30° 或 60° 两点透视,二是 45° 两点透视。

当产品的主面、侧面尺寸差别不大,又需要分清主次面的时候,或者一个侧面作为重点表现的时候,我们常常采用 30° 或 60° 两点透视法。这种方法绘制的画面活泼,主次分明,体感清晰。假设立方体两侧面与画面各成 30° 和 60°,其透视画法如下:

① 作平面图 AEBF,由 F、E 引画面垂直线与基线相交于 t、s;

② 在基线上按照平面图定 t、A、s 的位置,由 A 分别接余点 1、余点 2 的连线和由 t、s 接心点的连线相交得 L、M 两点;

③ 由 A 作垂直线取立方体边长 AP,由 P 接余点 1、余点 2 的连线与 L、M 的垂线相交得 U、R 两点。再由 U、R 分别接余点 1、余点 2 得交点 Q,完成透视图(图 1-4-9)。

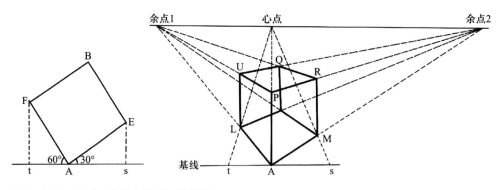

图 1-4-9　30° 或 60° 两点透视　孙菁阳

45° 两点透视法主要用于产品正、侧面都要表现清楚或产品的正、侧面长度差别比较大的时候。假设正立方体的左右两侧面均与画面成 45°,透视画法如下:

① 作平面图 ADRE,由 D、E 引画面垂直线与基线相交于 d、e;

② 在基线上按照平面图定 d、A、e 的位置;

③ 由 A 接距点 1、距点 2,由 d、e 接心点,两条线条相交得 D′、E′;

④ 由 A 作垂线取立方体边长 AB,由 B 接距点 1、距点 2 的连线与 D′、E′ 的垂线交于 C、F 两点,再由 C、F 分别接距点 1、距点 2 得交点 Q,完成透视图(图 1-4-10)。

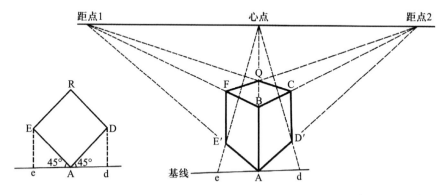

图 1-4-10　45°二点透视　孙菁阳

第五节　产品效果图的形体表现训练

　　产品效果图的绘制,首先要对形体进行分析,复杂、烦琐的形体大都可以分解成几个相对简单的几何单体,一个物体由几个部分组合、穿插、切割而成。有了结构上的分析,在塑造形体时就能做到心中有数。在了解基本的直线、曲线到简单形体诸如方体、球体、圆柱体等一些常见几何形体的特征后,可以按简单到复杂的顺序逐步展开练习。效果图绘制的过程中,形体的准确是首要的因素。

➤ 一、线条与方体的训练

　　绘画的基础是线条,所有的图形在结构上都是由线组成的。流畅的线条可以使形体简洁、明快。

1. 直线的训练

　　在手绘效果图中,水平线、竖直线和斜线最常用,对表现产品的外形边线、中心线和截面线等起到重要作用。线条绘制必须符合几个要求,分别是稳定、平直、流畅,同时带有节奏感。直线的训练包括连贯性训练、精确性训练和方向性训练。

　　连贯性训练突出的是手感,即找到画直线的感觉,绘制过程中做到手放松而又稳定,用力均匀轻巧,避免在某处无故用力过猛或者停留时间过长。在线条练习时找一张纸,然后用笔进行随意勾画,画出直线效果(图1-5-1)。

图1-5-1　线条绘制　吴天祥

训练过程中可以按照自己的想法去画,但需要注意控制运笔方向和线的位置,线条尽量画直,不能有抖动和断续的情况。对于起笔和收笔不能出现顿笔的情况,否则会出现很多点。直线训练能够形成肌肉记忆,使效果图的绘制得心应手。

精确性训练是指在实际的画草图过程中,必须根据自己的设计想法有目的地绘制直线,如画两点之间的直线或两条线之间的直线等。而且要保证在线条平直的条件下,起笔和收笔不能出线太多,不然会影响整体的画面效果,所以要做大量的目的性训练。

定边的直线练习要注意线条的间距要小,同时保持平行。画中间的线条时,起笔和收笔注意不能画不到边缘,也不能画出去太多。通过长期训练保证线条绘制的准确性,使效果图干净整洁(图1-5-2)。

方向性训练是进行多角度的直线训练,即针对一个点发散性训练。在训练直线质量的同时,向不同的方向画出线条(图1-5-3)。

 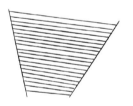 

图1-5-2　定边直线绘制　吴天祥　　　　　　　　图1-5-3　定点直线绘制　吴天祥

2. 曲线的训练

曲线在手绘表现中也经常出现,例如外观柔和的产品,以及产品中的曲面、圆角、按钮等。曲线为两边虚中间实的弧线,主要包括抛物线和一般弧线。大弧度的弧线比较难掌握,可以先从小弧度的弧线开始练起,放慢速度,从同一个方向开始练习排线(图1-5-4)。

还有一些能够提高绘制手感的方法:

① 定边练习。先画两边竖直线,然后用抛物线补齐中间,要求线条间距均匀且小。同时两边有目的地确定起笔和收笔,不能画出去太多或者画不到边(图1-5-5)。

图 1-5-4　曲线绘制方法　吴天祥

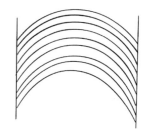

图 1-5-5　定边练习曲线　吴天祥

② 定中心练习。先确定抛物线的十字中心线,再进行弧线绘制,加强抛物线的间距和对称的训练,同时可以提高线条质量以及对抛物线的把握能力(图 1-5-6)。

③ 定三点练习。先确定三个点,然后经过这三个点画抛物线。通过不断的训练,可以提高线条质量(图 1-5-7)。

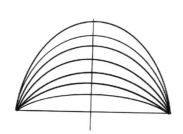

图 1-5-6　定中心练习曲线　吴天祥

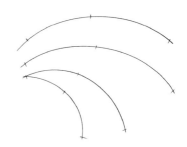

图 1-5-7　定三点练习曲线　吴天祥

3. 方体的训练

　　方体的训练是快速表现绘图的基础,大量的工业产品都能从方体演变而来。方体可以切割成角体、三角体、圆柱体、多面体、球体等。以方体为主体的产品造型实际上是很多方形的变形组合,通过方体的训练可以得到更多新的产品造型(图 1-5-8)。

　　以立方体为例,立方体由六个面组成,绘画过程中通常可以看到两个面或三个面,在特殊的情况下只能看到一个面。

　　在立方体的绘制过程中,透视极为重要,练习各种角度下的透视可以更好地把握形体的规范。在同一个立方体中,离你最近的边是最长的,与最长边相垂直的边比最近的直线要短。离视平线越近的立面,面积比侧面要小。离灭点越近的立面,面积最小(图 1-5-9)。

图 1-5-8　立方体的运用

立方体着色常用排线法、湿画法、结合法等。排线法是在物体表面绘出平行于正方形某条边的线条,线条的方向决定着物体的走向,有利于强调各面垂直的特性;湿画法要求在马克笔涂饰的过程中保持色调均匀;结合法是在湿画法的基础上进行线条的描绘(图1-5-10)。

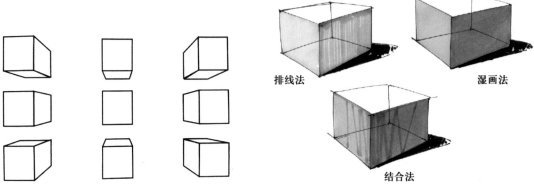

排线法　　　　　　　　　　　　湿画法

结合法

图1-5-9　不同角度的透视立方体　李帅　　　　图1-5-10　立方体马克笔表现　李帅

在绘制立方体的过程中,边界线的处理是重点,整齐的边界线会增强立方体的体积感。如果立方体存在倒角的情况,在倒角的处理上要呈现出黑白灰的变化(图1-5-11)。

做完基础的立方体绘制训练之后,可再做一些形态的转折和切割练习(图1-5-12)。

 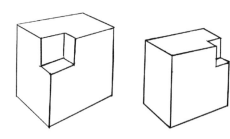

图1-5-11　带倒角的立方体　李帅　　　　　图1-5-12　立方体形态的转折和切割　马驰

▶▶ 二、圆形与球体的训练

现代产品设计多以曲面与直面相结合的流线型为主,在设计中使用圆形或球体,可以将整个造型活跃起来。

1. 圆形的训练

　　圆形在设计草图中经常会出现,画圆的时候我们常常会想到用圆规或圆模板。一个圆形看似简单,但是当我们徒手画的时候却束手无策,原因就是我们不懂得画圆的技巧。下面给大家介绍一种画圆的方法。

　　① 在纸上先画一个边长为 4~6 厘米的正方形,找出正方形四边的中点(图 1-5-13)。

　　② 注意力集中在四个中点,落笔之前可以在笔尖距离纸面 4~5 毫米的位置比画几圈。找准感觉后,顺时针方向果断地画出圆的形状(图 1-5-14)。

图 1-5-13　圆形的训练一　马驰

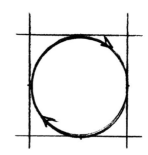

图 1-5-14　圆形的训练二　马驰

　　③ 圆尽量与四个中点相切,一笔画不圆,可以重复几笔,轨迹线越窄越接近圆形(图 1-5-15)。

　　注意事项:画圆的时候,纸要放平,身体要坐直,笔尖几乎与纸面垂直。落笔前要先比画几次,手运转的速度不能太快也不能太慢,画圆的感觉要经过长期的练习才能得到。

　　还有一些提高画圆手感的练习。

　　① 自由练习。在一张白纸上自由画圆,可以画不同大小的圆(图 1-5-16)。

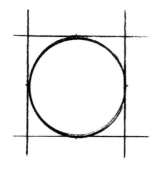

图 1-5-15　圆形的训练三　马驰

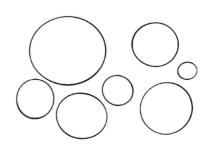

图 1-5-16　自由绘制圆形　马驰

② 定边练习。先画一个正方形,然后在中间画出圆形,这种方式可以确保圆形画得够圆,同时也能够训练正方形和圆形的组合(图 1-5-17)。

③ 定中心练习。画出十字形,然后在十字形的基础上画圆(图 1-5-18)。这种方法更加规范,可以看出圆形画得是否标准。坚持长期训练,能够大大提高画圆手感。

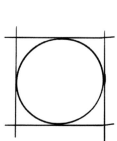
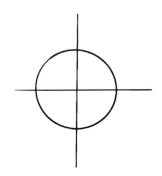

图 1-5-17　定边绘制圆形　马驰　　　　　图 1-5-18　定中心绘制圆形　马驰

2. 椭圆训练

椭圆形的训练和圆形比较类似,画时要注意透视。在水平面上画椭圆,椭圆的方向(长轴)应始终保持水平,通过长期的训练观察来逐渐积累透视感觉。

① 自由练习。在一张白纸上不断地徒手画椭圆,形状不规范的话,边画边调整即可,逐渐调整到规范的椭圆形(图 1-5-19)。

② 定边练习。和画圆形一样,先画矩形,然后在中间有目的性地画出椭圆(图 1-5-20)。

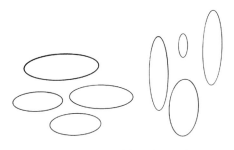
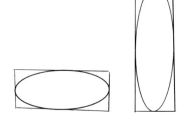

图 1-5-19　自由绘制椭圆形　马驰　　　　　图 1-5-20　定边绘制椭圆形　马驰

③ 定中心练习。先画出十字形,在此基础上画椭圆能够确保画出的椭圆是对称的(图 1-5-21)。不同斜度的椭圆,短径越短,圆形就越扁(图 1-5-22)。

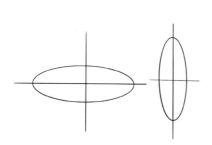
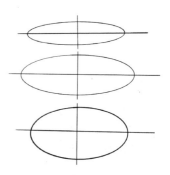

图 1-5-21 定中心绘制椭圆形 马驰 　　　　图 1-5-22 不同斜度椭圆 马驰

3. 球体训练

在实际的产品设计案例中,通常球体会用在产品的某一部分,这就需要掌握球体和其他形体相结合的画法(图1-5-23)。

球体是由正六面体反复切割得出的,许多产品的造型细节变化都与球体的横截面有关。为突出球体的立体感,必须画出球体的横截面。球体的横截面基本为椭圆形,通过椭圆形与其他形体连接的截面线绘制球体产品。

球体是有体积的圆,确定受光区域后,画好明暗交界线(弧形、月牙形)可以准确地区分球体的亮部和暗部,从明暗交界线向两侧平滑过渡。在球体的表现中,仅仅采用马克笔很难表现出球体圆润平滑的表面效果,彩色铅笔或彩色铅笔与马克笔结合的方法往往更容易表现出球体丰富的层次变化(图1-5-24)。

图 1-5-23 球体运用 　　　　图 1-5-24 彩色铅笔和马克笔结合的球体效果图 马驰

三、圆柱体与圆锥体的训练

主体部分为圆柱体的产品比较常见（图 1-5-25）。

1. 圆柱体训练

圆柱体是以长方形的一条边为轴旋转 360° 而成的。

在绘制圆柱体的过程中，要先画出中轴线，圆柱体的截面为椭圆形。一般来说，底面圆形透视而成的椭圆较顶面圆形透视而成的椭圆要宽一些，上下两个椭圆的长轴线和曲面的中轴线呈垂直关系。圆柱体的投影由其外轮廓及断面决定的，从明暗交界线向两侧平滑过渡，表现出黑、白、灰的关系（图 1-5-26）。在做圆柱体训练的同时也要做圆柱体透视图训练（图 1-5-27）。

图 1-5-25 圆柱体的运用

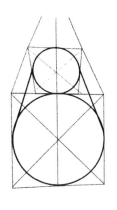

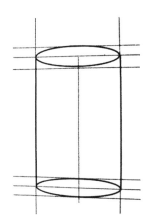

图 1-5-26 圆柱体马克笔表现 李帅　　图 1-5-27 圆柱体透视图 马驰

同正方体一样，圆柱体训练到一定程度之后可做一些切割变化，使其空间感和造型的体量感更好。

2. 圆锥体的训练

圆锥体是以直角三角形的直角边为轴旋转 360° 而成的。

圆锥的底座为椭圆形，从其轴心画一条垂直线得到高度，然后在垂直线的末端画两条线，与底部椭圆形的每个边正切。

圆锥体明暗交界线和形体的走势一样，为一条顶部向底部渐粗的直线。圆锥体的表现可参照圆柱体的表现（图 1-5-28）。

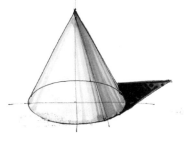

图 1-5-28 圆锥体马克笔表现
李帅

第六节　产品效果图的材质表现

在绘制产品效果图的过程中,材质信息传达得是否准确,将直接影响产品的美学价值评判及产品设计语言传递的有效性。任何真实产品物体的表面都展示着材质的实际特征,材料不同所呈现的表面效果也存在差异。在产品设计中涉及的材质种类繁多,经过对材质本身及光源、环境关系的整理分析后,我们可以将常用的材质分为五类:光滑材质与粗糙材质、透明材质、金属材质、木材材质以及皮革材质。在绘制效果图时,不仅是对材质本身的描绘,也包括对光线、周围环境的表现。

一、光滑材质与粗糙材质的表现

物体表面光滑与粗糙的质感主要通过以下两个方面表现。

1. 不同的对比度

光滑的物体质感细腻、明暗对比较强,有明显的高光;粗糙的物体明暗过渡柔和,基本无明显高光点。塑造粗糙的物体时,表达出基本明暗关系、色相及表面纹理属性即可(图1-6-1、图1-6-2)。

图1-6-1　光滑材质的物体 　　　　　　　　　　图1-6-2　粗糙材质的物体

2. 环境的影响

光滑的物体边缘会出现反光,受环境影响较大。当光滑的物体处于室内环境时,可通过加强环境光、固有色对比,塑造出高反光效果。当光滑的物体处于室外环境时,可以把亮面高光绘制为天空反射的蓝色,暗面绘制为地面反射的黄色来强调光滑的效果。粗糙的物体反光较弱,受周围环境影响较小(图1-6-3、图1-6-4)。

图 1-6-3 光滑与粗糙材质表现 李帅　　　　图 1-6-4 光滑与粗糙材质表现 李帅

▶▶ 二、透明材质的表现

绘制透明材质的关键是要把握透明材质的四个特征。

1. 通透感

通过画出透明材质后面的物体来表示物体透明的特性。想要画好透明材质的通透感,其关键在于层次,当使用马克笔时,层次主要依靠笔触之间的叠加表现,颜色上要有深浅、虚实的变化,线条一定要硬朗。被产品遮住的环境及物品与未被遮挡的部分在颜色、清晰度上要有一定的差别,从而表现出透明材质的通透感。

2. 高光

使用高光画法时,可以通过在彩色卡纸上使用白色颜料以及白色彩铅来绘制;普通画法时,可以先在白纸上擦拭色粉,然后用橡皮提取高光,也可以达到所需要的效果。同时高光的光亮程度可细分为三个层次:强高光,可用白色修正液或白色颜料绘制;次高光,可用白色彩铅或其他浅色彩铅绘制;虚幻的散光,可用白色的色粉笔绘制。

3. 反光

在透明材质的绘制中,一般没有明显的暗部只有反光,而反光(黑色或者白色条状造型)一般出现在透明材质的边缘,比较厚的透明物体更为明显。

4. 折射

透明材质后面的物体会因为折射作用而发生变形。投影部分也能表现透明材质的质感，由于折射的缘故，投影不能绘制得过实，要有一定的虚实变化（图1-6-5、图1-6-6）。

图1-6-5 透明材质的物体   图1-6-6 透明材质表现 许谨

▶▶ 三、金属材质的表现

由于金属材质表面十分光滑，所以反射色彩与反射光源都十分鲜明（图1-6-7）。金属材质明暗对比强烈，高光明显，最亮的高光和最暗的反射部位往往同时存在，所以需要强调明暗交界线不做过渡，并将反光和高光进行夸张处理。金属材质受周围环境影响大，色彩的对比强烈，多用钴蓝和赭石色来强调其受天空和地面的环境影响。曲面或圆角的地方的反光通常是不规则且有些扭曲的形状，通过简化可使其更具备空间感。金属质感的产品一般坚实光挺，为了表现其硬度，用笔时要更加果断、流畅，笔触应该尽量平整，可以借用尺规来表现，要强调金属的质感（图1-6-8）。

图1-6-7 金属材质的物体

图 1-6-8　金属材质表现　李帅

根据金属对比度的强弱大致分为两类:亚光金属与电镀金属。亚光金属的对比与反光均较弱,没有电镀金属的镜面效果炫彩夺目,更多的是内敛、敦厚的质感,看上去更加结实可靠,除此之外,亚光金属不容易留下指纹,看起来更整洁;而电镀金属材质对比强烈、光泽感强,基本上会完全反射周围环境。在绘制电镀金属材质的产品效果图时,要把其周围的产品或者场景都反映在该材质上。

四、木材材质的表现

木材材质是一种比较特殊的材质,其固有色变化多样而反光较弱,在表现木材质感时要充分考虑对固有色和材质纹理效果的刻画(图 1-6-9)。

1. 固有色

按照明暗关系绘制木材的固有色,如黄色、黄褐色,其受环境影响程度由木材表面的光滑程度所决定。应遵循由淡到深的步骤均匀过渡木材的色阶变化,把物体的光影处理得当。当绘制的产品体积较大时,要表现其材质,可先绘制出外轮廓线,然后向同一方向平涂,在同一个面找出一些变化,例如部分区域的颜色渐变加重,破除其单调死板的感觉,让画面看起来整体且富有变化(图 1-6-10)。

　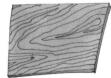

图 1-6-9　木材质的物体　　　　　　　　　　图 1-6-10　木材质表现

2. 木纹

木纹特征会呈现一定的规律,我们在固有色的基础上通过对木纹的刻画来增强木材的真实感,在绘制中只要把木材的纹理表达出来即可,无须写实描绘。可选择深颜色的马克笔,例如深棕色,使用尖头部分刻画木纹。在绘制带有转折面的木纹材质产品时,木纹的走势要追随形体。对效果图进行整体的绘制时,除对木材产品的质感表现外,较为粗糙的木纹材质也常被用作背景色块衬托高反光材质类的产品(图1-6-11至图1-6-13)。

图1-6-11 木制玩偶
段卫斌

图1-6-12 木材质表现
李帅

图1-6-13 木材质表现
段卫斌

▶▶ 五、皮革材质的表现

皮革材质介于高光、反光和亚光材料之间,是产品设计所涉及的材料中相对难以表现的(图1-6-14)。皮革材质大致划分为两种:亚光皮革和光泽性皮革。亚光皮革调子对比弱,只有明暗变化,不产生高光,可用稍微均匀厚重的颜色绘制,注重产品纹理的刻画;光泽性皮革有高光,但是也较弱,可以丰富产品色彩以及产品明暗层次的变化,表现出环境对其的影响。

图1-6-14 皮革材质的物体

　　在绘制皮革时,要重点注意明暗的过渡与衔接以表现出皮质的柔软性。皮革制成的产品几乎不存在尖锐的转角及硬挺的线条,而是具有一定的厚度、柔软感及弹性,作画时应着重表达出这种特性。此外,产品缝纫线的变化走向一定要认真地表现出来,可增强产品质感。

　　纺织物作底的效果图可直接利用纺织物表面肌理的粗细、纹路,效果会更加真实。在表现时,调子及高光的对比度均较弱(图 1-6-15 至图 1-6-19)。

图 1-6-15　皮革材质表现
李帅

图 1-6-16　皮革材质表现
段卫斌

图 1-6-17　皮革材
质表现　吴波

图 1-6-18　皮革材质表现　段卫斌

图 1-6-19　皮革材质表现　吴波

第七节　产品效果图的光影与色彩

光影和色彩是产品效果图的重要组成部分,光影和色彩对于塑造产品的形体和质感有着重要的作用。

一、光影的表现

光影的存在使我们可以直观地感受到物体的体积,可以表现体感、质感、透视等关系。物体的投影有利于产品立体感和空间感的表达,透过投影我们还可以看到产品的结构样式以及产品与环境的关系,可以让产品在形体塑造方面更有层次感、体积感、空间感和质量感。物体对于光线的反射和折射与材质的不同相关,表面粗糙的物体反射小,相反,表面光滑的物体反射就会强烈(图 1-7-1)。

图 1-7-1　不同材质的反射效果

在产品的表达中需要虚拟光源,常见的是将光线从画面的左上方照射进来,投影在右下角。在光源的角度选择上,多采用 60° 左侧照射,这种情况下,物体各个面的明暗分布明显,更加适合表现物体自身的体积感(图 1-7-2)。

在画面中,可以用明暗来表达光影,通常分为五个明暗调子:高光、中间色、背色、反光及投影。表达光影时,先判断光的方位,然后断定物体的亮暗区域。在光线强度的选择上,过强或者过弱的光线都是不合适的,过强的光线会导致暗部明显,从而影响到产品结构的表现;而过弱的光线会使产品的空间结构表达不明确。选择合适的光线,更加有利于产品形态的准确表达。在不影响产品结构的同时,我们选择相对较明显的光影效果,这样明暗对比强烈,产品结构层次分明,具有较强的视觉冲击力,这在手绘图的表达中是很必要的(图 1-7-3)。

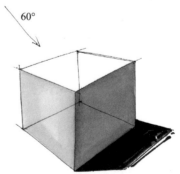

图 1-7-2　光源选择　李帅

图 1-7-3 光线强度（弱、合适、强） 李帅

　　表达光影的画法有很多，在手绘中一般采用排线的方法来表达（图 1-7-4）。在表达物体光影时，先判断光的性质和走向，然后划分物体的亮暗，物体阴影形状会受光线角度和放置角度的影响。阴影的绘制要灵活，产品色彩明度较高或颜色鲜艳时，可用深色绘制阴影；产品色彩明度较低或者颜色素雅时，选择浅色或者线稿绘制阴影，这样可以避免影响主体的突出地位（图 1-7-5）。

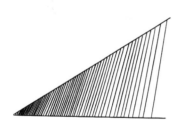  

图 1-7-4 光影绘制 孙菁阳　　　　图 1-7-5 阴影的选择 李帅

图 1-7-6 蒙塞尔色环

▶▶ 二、色彩的表现

　　色彩是产品的主要组成部分，在产品中不同色彩的组合会产生不同的效果，在设计中应用最广泛的色彩体系是蒙塞尔色环。在这个体系中，颜色具有三个特征：色相、纯度（饱和度）、明度（图 1-7-6）。

1. 色相

　　色相是指颜色的名称，如红、黄、蓝等。从专业角度来讲，色相是由射入人眼的光线的波长决定的。

2. 纯度

纯度又称饱和度,是指色彩的纯净程度。在颜色中,各种单色的纯度是最高的,当一种颜色掺入灰色时,纯度就会降低。高纯度能够引人注意,产生视觉兴趣,低纯度给人含蓄柔和的感觉,中等纯度则具有柔美感。色彩的纯度还与材质有关,物体表面粗糙的话,因为漫反射的作用纯度会降低;物体表面光滑的话,颜色会比较鲜艳。

3. 明度

明度是指色彩的明亮程度,对色彩的协调起主要作用。黄色明度最高,蓝紫色明度最低,红色和绿色居于中间位置。明度还和光线有直接的关系,当光线强烈时色彩的明度高,当光线弱时色彩的明度低。

在自然界中,同一颜色在较近的距离会偏暖,在较远的距离会偏冷,利用这种现象,我们在设计表现图中可以更好地表达产品的立体感。

不同的色彩给人以不同的心理感受。绘制产品背景时可以选取与之相适应的颜色增强表现图的亲和力。

黑色——冷漠、严肃、高雅;灰色——诚恳、沉稳、考究;白色——纯洁、朴素、神圣;红色——热情、性感、危险;橙色——坦率、浪漫、亲切;黄色——警告、招摇、信心;绿色——安全、希望、新鲜;蓝色——理想、忧郁、权威;紫色——高贵、神秘、魅力。

产品色彩的搭配是根据不同的产品以及使用功能、环境等给予色彩在产品中应有的颜色、位置和面积,使整体设计协调统一。

同类色配色是单一色相内的色彩搭配,具有统一性。改变同类色的明度和纯度,产品色彩会具有层次感和秩序性。

类似色配色是同一色系的色彩搭配,使用共同的色彩因素能够使产品配色效果鲜明、丰富和活泼。

对比色配色是多个纯度高的色彩搭配在一起,产生很强的对比,能够使产品的配色效果强烈、鲜明、华丽。

补色配色是使用位于色相环直径两端呈180°相互对应的色彩进行搭配,补色配色比对比色配色更加完整、丰富、更有视觉刺激性。

多彩色配色是采用不同色相的色彩配色,体现产品丰富的效果。但色彩不宜超过三种色相,以免产品显得花哨。

第二章

产品效果图的绘制技法

本章摘要

本章是学习产品设计表现技法的核心内容，主要阐述了设计草图绘制、数字手绘画法、马克笔色粉画法、水粉底色画法、色纸画法等多种产品效果图的绘制技法。每一种技法分别从课程概念、设计案例、知识点和具体的绘制步骤等四个部分进行剖析与展示，同时为读者提供参考阅读书目，便于读者进行作品临摹与理论研究。

第一节 训练—— 设计草图绘制

▶ 一、课程概念

1. 课程内容

了解设计草图的作用及优势；明确单线草图、线面草图和着色草图的绘制技法和要求；掌握草图的基本绘制步骤。

2. 训练目的

绘制设计草图意在把设计师头脑中抽象的想法和创意快速地记录下来，并且在方案构思阶段尽可能地保证设计方案的多样性。快速记录产品形象、积累产品形态素材以及展现产品的部分细节，可以提高学生对形式变化的敏感度、形象思维的洞悉能力和造型能力。

3. 重点和难点

比例与透视准确，结构关系明朗，线条完整流畅，画面具有层次。

4. 作业要求

① 直线练习：绘制不同方向的直线线条。尽量绘制长线条，线与线的间隔尽量保持一致，绘制过程中可使间隔逐渐变小。绘制直线线条 10 页（A4 纸大小）。

② 曲线练习：绘制不同方向的曲线线条。从小弧度曲线开始练习逐步过渡到大弧度的长曲线，保持线条完整通顺，用笔力度均匀。与直线练习相同，在绘制过程中使线条间隔逐渐变小。绘制曲线线条 10 页（A4 纸大小）。

③ 透视练习：绘制出不同弧度、不同方向的椭圆线，由小椭圆向大椭圆渐变。线条的头与尾连接自然，中心要对称。注意把握近大远小，近疏远密，近宽远窄，近实远虚的规律。绘制各种基本型的透视图 15 页（A4 纸大小）。

④ 产品实物练习：先绘制直线条产品，再绘制直线与曲线相结合的产品，之后可以练习大弧面、大曲线的产品，并逐渐加入对产品细节的表达。简单产品的绘制熟悉后再绘制稍复杂的产品，做到循序渐进。绘制各种产品透视图 20 页（A4 纸大小）。

▶ 二、设计案例

1. 交通工具设计草图

交通工具设计是产品设计中十分重要的构成部分，如汽车的造型变化相对丰富，设计难度也比较高，一个整车的造型设计相当于很多不同外形的产品设计。在产品设计草图的学习中也是如此,相对于其他产品的设计来说,汽车形态较为全面,包含方形、圆形、直线、曲线等诸多基本形态。同时,汽车类图形便于收集,能够给广大产品设计师提供较多的学习素材。通过绘制交通工具设计草图,可以让设计师掌握多种设计草图的绘制技巧。

该汽车外形设计草图是单纯运用线条勾勒的,汽车轮廓与结构清晰,线条干净利落,用笔毫不拖泥带水(图 2-1-1)。

图 2-1-1 汽车设计草图 李帅

这幅汽车设计草图与图 2-1-1 相似,主要运用钢笔勾勒汽车的外形,重点绘制车的尾部和侧面。车身透视把握准确,利用线条的纵深打造空间感,整体刻画较为仔细(图 2-1-2)。

图 2-1-2 汽车设计草图 李帅

　　此设计草图利用一种较大的透视感,主要展示汽车前脸部分的形态,其他部分较为简略,例如后车轮和车尾部等。线条简洁、造型严谨,车大灯刻画得较为细致,整个车头部分的凹凸关系表达清晰,值得借鉴参考(图2-1-3)。

图 2-1-3　汽车设计草图　李帅

　　该图是采用较大透视绘制的设计草图,主要工具为钢笔。此草图为单线草图,结构关系与体积感表现了出来,整幅画面整洁细致而不拘谨(图2-1-4)。

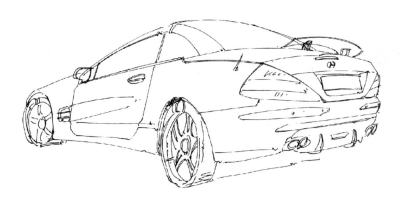

图 2-1-4　汽车设计草图　李帅

　　这两幅为单线草图,用到的绘制工具主要是钢笔。设计草图线条清晰明确,透视关系把握精准,绘制起来快速方便(图2-1-5、图2-1-6)。

图 2-1-5　汽车设计草图　李帅

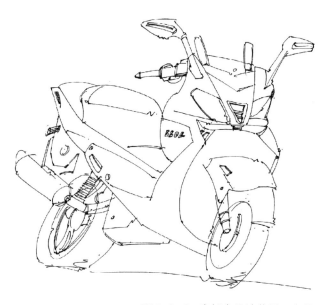

图 2-1-6　摩托车设计草图　李帅

此图为摩托车的单线草图,画面干净大方,细节刻画十分到位,可以看出作者技法十分娴熟(图 2-1-7)。

图 2-1-7 摩托车设计草图 库斯·艾森

这是一幅游艇的单线草图,此草图大曲线使用较多,透视把握准确,细节刻画到位,整体画风严谨(图 2-1-8)。

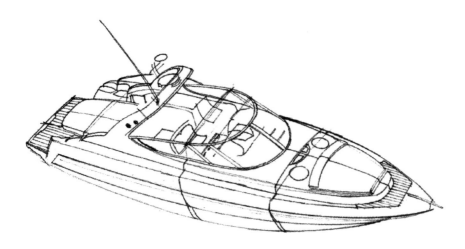

图 2-1-8 快艇设计草图 库斯·艾森

　　此草图为线面草图,用到的绘制工具主要是钢笔与灰色马克笔。这种绘制方式可以很好地把车身的体积感表达出来,并营造出较强的光影氛围,使得画面非常生动(图 2-1-9)。

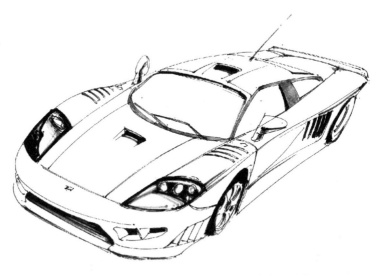

图 2-1-9 汽车设计草图 于程杨

　　此草图为着色草图,主要工具为钢笔与马克笔。画面主要表现汽车的概念设计,侧重点是车身的基本形态与色彩(图 2-1-10)。

图 2-1-10 汽车设计草图 李帅

　　此幅画面用笔娴熟,利用马克笔的笔触变化,塑造出摩托车的体积感以及细节。蓝灰配色给人一种清新淡雅的视觉感受(图2-1-11)。

图2-1-11 摩托车设计草图 李帅

　　2. 家居用品设计草图

　　家居用品设计草图形式多变,整体线条流畅自然,产品形态创意充分展现。利用线条和色彩表达,将整体效果和细节进行展示。以下为国内外优秀的设计草图,这些草图不仅线条运用自如,构思巧妙,而且富有艺术性。

　　使用单线描绘打印机的大致形状和简单的结构,线条运用流畅,透视清晰准确(图2-1-12)。

　　这两幅设计草图抓住产品的主要特征,从不同的角度和形式进行快速表现(图2-1-13、图2-1-14)。

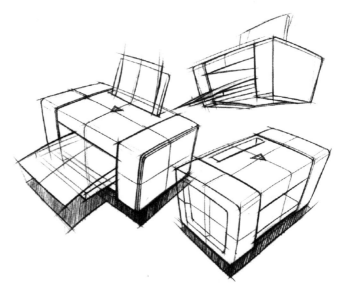

图 2-1-12　打印机设计草图

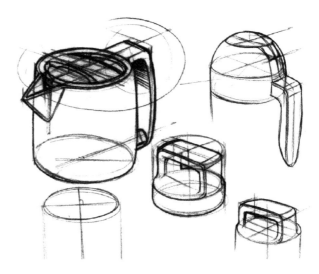

图 2-1-13　水壶设计草图

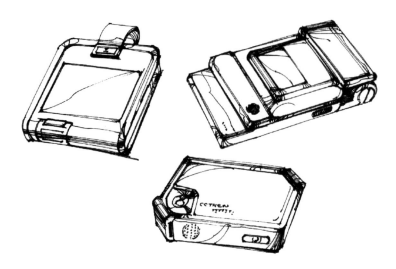

图 2-1-14　电子设备设计草图

　　通过简单的线条画出手持吸尘器的设计方案,用笔非常纯熟。运用不同形式的符号表现产品的使用方式,整个画面清晰明确(图 2-1-15)。

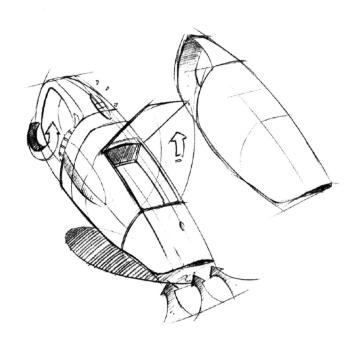

图 2-1-15　手持吸尘器设计草图

恰当地运用线条、光影和透视,表现出洗衣液瓶的立体感(图2-1-16)。

线条严谨有致,构图也强调规整感。画面结构清晰,整个草图生动且富有节奏感(图2-1-17)。

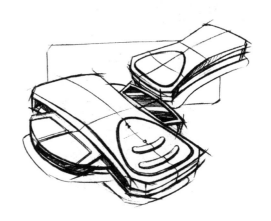

图2-1-16　洗衣液瓶设计草图　　　　　　　　　图2-1-17　U盘设计草图

该款收音机的设计草图运用马克笔绘制而成,线条简洁,快速抓住了产品的主要特征,并通过深灰与橘黄色体现了产品的高雅与沉稳(图2-1-18)。

图2-1-18　收音机设计草图　李帅

电话机设计草图运用单线结合马克笔绘制而成,通过鲜明的色彩对比,表现出产品的立体感(图2-1-19)。

收录机设计草图一方面用线条画出形体结构，另一方面用马克笔画出立体效果，两者相互结合，把产品表现得清晰、整体（图 2-1-20）。

图 2-1-19　电话机设计草图　李帅　　　　　　　图 2-1-20　收录机设计草图　刘璐

吸尘器设计草图和杯子设计草图运用简单的线条勾勒出产品本身的形状，同时用马克笔添加了简单的颜色，对产品细节刻画到位，生动地表现了产品的整体感（图 2-1-21、图 2-1-22）。

图 2-1-21　吸尘器设计草图　于程杨　　　　　　图 2-1-22　杯子设计草图　李帅

设计草图透视结构清晰准确,表达细致认真,色彩层次丰富,整体比例适中,层次感和立体感较强(图2-1-23至图2-1-25)。

严谨、准确、详细地表现出产品造型的特点和材料质感,比例适中。色彩层次丰富,画面效果写实、耐看(图2-1-26)。

图2-1-23 熨斗设计草图 刘璐

图2-1-24 熨斗设计草图 孙菁阳

图2-1-25 熨斗设计草图 刘璐

图2-1-26 家居用品设计草图 马驰

　　线条流畅、飘逸,细节刻画深入,色彩简单且富有变化,给人一种简洁明快的感觉(图 2-1-27 至图 2-1-29)。

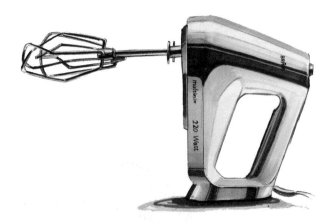

图 2-1-27　搅拌机设计草图　于程杨

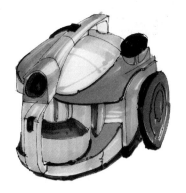 

图 2-1-28　电饭煲设计草图　李帅

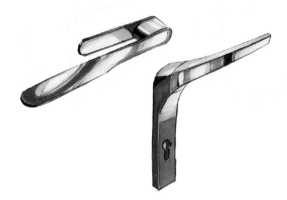

图 2-1-29　把手设计草图　吴天祥

　　通过多个造型绘制,详细地表现出造型的特点和材料的质感,表现手法细腻、生动、精致、到位,比例适中,层次感和立体感强(图 2-1-30 至图 2-1-34)。

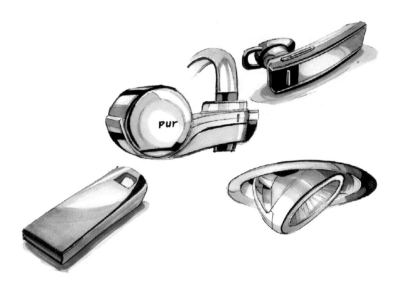

图 2-1-30　把手设计草图　吴天祥

图 2-1-31　手持吸尘器设计草图　于程杨

图 2-1-32 电话机设计草图 马驰

图 2-1-33 手电筒设计草图 孙菁阳

图 2-1-34 烤箱设计草图 于程杨

　　设计草图造型严谨,比例和谐,产品中的黑、白、灰关系处理得层次分明(图 2-1-35 至图 2-1-37)。

　　设计草图光影层次丰富,着色以马克笔为主,充分表现了马克笔特有的笔触感和块面感(图 2-1-38)。

图 2-1-35　手持吸尘器设计草图　李西运

图 2-1-36　耳机设计草图　刘璐

图 2-1-37   电钻设计草图   刘璐   图 2-1-38   收银机设计草图   吴天祥

设计草图造型简洁生动,色彩搭配和谐,展现出简洁、明快的画面效果(图 2-1-39 至图 2-1-41)。

设计草图运用较少的线条和色彩,准确、生动地刻画了产品的简洁与时尚(图 2-1-42 至图 2-1-44)。

图 2-1-39   钢笔设计草图   刘璐   图 2-1-40   计算器设计草图   孙菁阳

图 2-1-41　手机设计草图　孙菁阳

图 2-1-42　台灯设计草图　马驰

图 2-1-43　饮水机设计草图　李帅

图 2-1-44　电动剃须刀设计草图　李帅

　　整体造型简洁统一，色彩明快、结构清晰，较好地展示了产品的使用方式（图 2-1-45、图 2-1-46）。

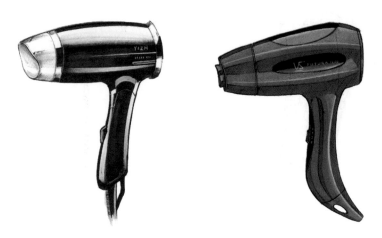

图 2-1-45　吹风机设计草图　马驰

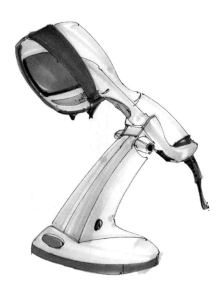

图 2-1-46　台灯设计草图　李帅

运用马克笔清晰地刻画了产品的基本形态,线条流畅、色块明确,表现出产品的整体感和立体感(图 2-1-47 至图 2-1-51)。

图 2-1-47 云料仓设计草图 李帅

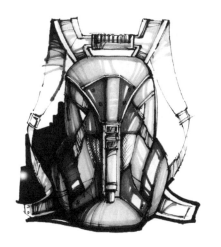

图 2-1-48 书包设计草图 刘涛

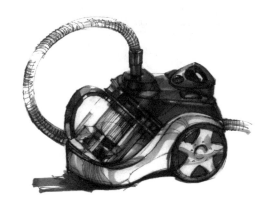

图 2-1-49 吸尘器设计草图 刘涛

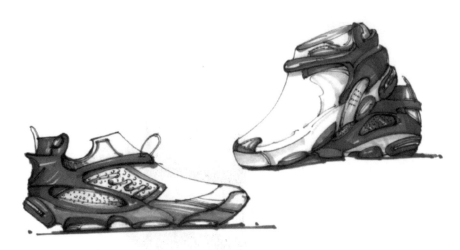

图 2-1-50 鞋子设计草图 刘涛

图 2-1-51 家具设计草图 刘涛

▶▶ 三、知识点

1. 设计草图的表现形式

设计草图的表现形式主要有三种:单线草图、线面草图和着色草图。

(1) 单线草图

以单线形式勾勒出产品内、外轮廓和主要结构线的绘制形式被称为单线草图(图2-1-52、图2-1-53)。单线草图使用的工具很多,包括铅笔、炭笔、圆珠笔、钢笔、马克笔、毛笔等,主要使用的工具是铅笔或钢笔。由于使用的工具不同,绘制出的线条也各有特点。例如,铅笔、炭笔绘制的线条有虚实、深浅的变化;毛笔绘制的线条有粗细、浓淡的变化;而钢笔绘制的线条比较单一,不存在变化。线是单线草图的主要构成要素,利用线的不同粗细疏密、不同形态组织成一张灵动的、富有韵律的设计草图。通过大量的徒手练习来掌握线条的技巧与规律,表现出线条的不同表现力。

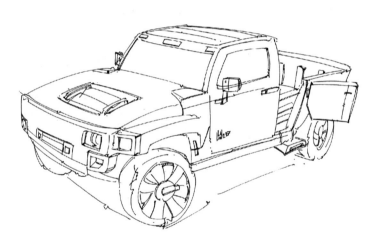

图2-1-52　汽车设计草图　李帅

图2-1-53　汽车设计草图　李帅

(2)线面草图

在单线草图的基础上,通过单一的颜色或色系,以线面结合的形式,形成层次感来展示产品的手绘,即为线面草图(图2-1-54、图2-1-55)。其特点是以钢笔线条为主,单色彩为辅,着重表现形体的光影关系和整体感,画面效果真实生动、淡雅清新、简洁明快。

线面草图画法的优点是比单线草图更具有表现力,可以更好地传达出产品形态的结构特征、体积感、质感和空间感,绘制时也更为自由、随意、有变化,适用范围广。线面草图的线条可以更自由和灵活地绘制,且抓形速度快而准确,加以明暗块面,赋予整张画面力量和生气。

图2-1-54 汽车线面草图 刘璐

图2-1-55 汽车线面草图 马驰

(3) 着色草图

着色草图通常是在单线草图的基础上,施以简略而明快的色彩来表达一定的色彩关系或配色方案的草图形式(图 2-1-56、图 2-1-57)。此类草图较之单线草图和线面草图,表达更加详细、清晰,一般用作较详细的初步方案草图。马克笔的使用是着色草图的一种重要表现形式,它可以快速地将产品的明暗和造型表达出来。

图 2-1-56 头盔着色草图 孙菁阳

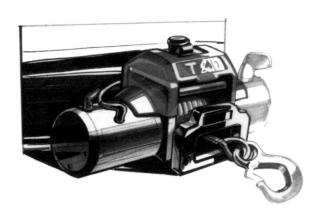

图 2-1-57 机械装备着色草图 曹学会

2. 设计草图的绘制要求

线条要流畅、连贯、肯定,不要反复描绘或使用断线和小碎线,否则线对体的造型感明显减弱,且线条的不准确性直接影响最终的表现效果。同时要训练自己的腕力,画线时快速而精准,体现线条的流畅感。

保持画面整洁,不要经常涂改。由于线条具备天然的模糊性,所以即使线条绘制错误也没有关系,可在原来的基础上重新绘制,人眼会自动捕捉正确的线条,这样也可以保证画面的整洁度,整洁的画面通常会给观者带来良好的感受。我们出现失误的主要原因是不熟练,练习多了自然会形成肌肉记忆,之后的绘图效率会提高。

线条要活泼有弹性。绘制时不要拘谨,手部要松弛有度,线条一定要有粗细、疏密的变化,虚实相间,有节奏感,否则整张画面都会显得枯燥无味。

比例、透视要符合一定的规范,不要将表现对象随意地夸张和变形,必须严格地遵守表现对象的比例、尺寸和材质。

当然,绘制时不可能面面俱到,很容易遇到多种问题,这就需要我们勤加练习,精湛技艺。产品设计草图需要在绘制过程中快速而准确地表现对象的形态特点,形态造型的表现是否严谨是设计草图的核心。

四、设计草图的绘制步骤

设计草图练习先从直线较多的产品开始,然后画直线与弧线相结合的产品,之后可绘制难度大的产品草图。

设计草图绘制是绘制完产品大概形态之后,不断加入产品细节的过程。通过线的粗细、长短的变化,表现产品的结构、比例、材料、质感。以绘制电话机为例,具体步骤如下:

步骤一:画出电话机的线稿,把主要的轮廓线强调出来(图2-1-58)。

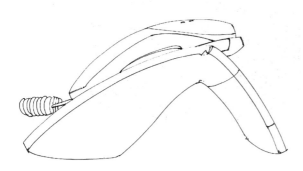

图2-1-58 设计草图步骤一

步骤二:设定好光源后,用黄绿色粉擦出电话机的形体部分,注意体块的明暗变化(图2-1-59)。

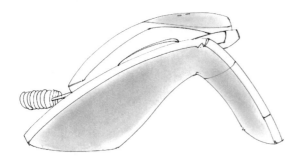

图2-1-59 设计草图步骤二

步骤三:用灰色系马克笔描绘电话机的灰色部分,并用深色马克笔强调形体的暗部;同时注意亮部的高光处理,一般采取留白的办法(图2-1-60)。

图 2-1-60　设计草图步骤三

步骤四：用深色的马克笔在原来暗部的基础上进行描绘，突出物体的暗部，增强体积感（图 2-1-61）。

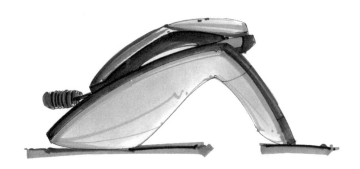

图 2-1-61　设计草图完成图　李帅

▶▶ 五、参考阅读

[1] 潘长学：《工业产品设计表现技法》，武汉理工大学出版社 2002 年版。

[2] 曹学会、袁和法、秦吉安：《产品设计草图与麦克笔技法》，中国纺织出版社 2007 年版。

[3] ［荷］库斯·艾森、罗丝琳·斯特尔：《产品设计手绘技法》，陈苏宁译，中国青年出版社 2009 年版。

[4] 蒲大圣、宋杨、刘旭：《产品设计手绘表现技法》，清华大学出版社 2012 年版。

[5] 罗剑：《创意：工业设计产品手绘实录》，清华大学出版社 2012 年版。

[6] ［美］亨利：《产品设计手绘——感知 × 构思 × 呈现》，张婷、孙劼译，人民邮电出版社 2013 年版。

[7] 刘涛：《工业产品设计手绘实用教程》，人民邮电出版社 2014 版。

[8] 张克非:《产品手绘效果图》,辽宁美术出版社 2014 年版。

[9] 陈玲江:《工业产品设计手绘与实践自学教程》,人民邮电出版社 2016 年版。

第二节　训练二——数字手绘画法

数字手绘画法

一、课程概念

1. 课程内容

数字手绘是使用数位板运用 Photoshop、Alias SketchBook、SAI 等软件或使用电容笔运用 Procreate、Infinite Painter、Autodesk SketchBook 等软件在电脑或者平板电脑上手绘简洁草图、精细效果图。数字手绘工业产品时可以多个图层分开绘制,最后合成一张效果图。存储时可以多个图层分开存储,大大加强了绘制效果图的可修改性和编辑性。掌握数字手绘不仅需要合适的绘画工具、软件,还需要不同绘画效果的画笔和灵活的变动指令。

2. 训练目的

学会运用数位板、平板电脑等结合相应软件,将产品设计草图或精细效果图准确地塑造出来。设计草图要干净利落,具有流畅感;精细效果图要精致协调,具有真实感。使用多图层叠加绘制,便于后期多次修改。

3. 重点和难点

掌握手绘软件的操作方法和快捷方式,合理利用笔刷与指令。学会运用不同的笔刷及其他工具指令,灵活处理产品的明暗光影、形体转折与材质表现。

4. 作业要求

① 熟练掌握数字手绘指令、操作方式以及产品真实外观的表达技巧。

② 选择 10 个简单的产品,运用数位板或平板电脑绘制设计草图,然后进行上色训练,要体现产品的明暗、色调、材质和肌理。

③ 运用数字手绘绘制产品精细效果图 5 张,产品形体由简单到复杂,绘制过程中要熟练掌握各种绘图工具的使用技巧。要求产品绘制图层安排合理,可改性强,最终效果具有真实感。

▶ 二、设计案例

1. 数字手绘汽车效果图

该板绘作品线条流畅,上色方式较多,在表现色彩时注意渲染周围环境色彩,营造同色渲染氛围,使产品效果图过渡自然,具备科技感(图 2-2-1)。

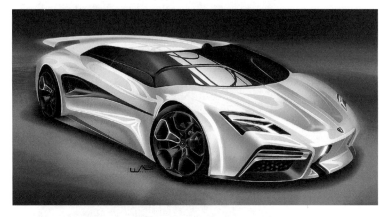

图 2-2-1　数字手绘汽车效果图一　[南非]马修·帕森斯

运用数字手绘进行产品绘制时,首先确定线稿,然后进行大面积基础色块的上色,最后细化产品的转折处、明暗处、肌理与质感。明暗的过渡可采取喷枪画笔或涂抹工具进行表达,质感肌理可选用纹理笔刷进行塑造,与传统手绘对于材质的处理方式相同(图 2-2-2)。

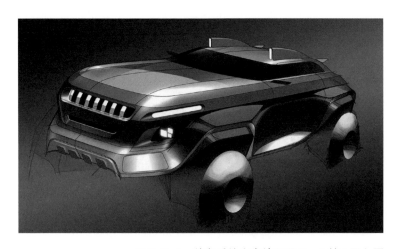

图 2-2-2　数字手绘汽车效果图二　[韩]石上原

　　数字手绘需要各式各样的画笔和可调整性极强的图层,为产品效果与整体渲染提供良好的条件。将背景环境色的反射运用在产品中,使表达效果具备科技感与真实性(图 2-2-3 至图 2-2-6)。

图 2-2-3　数字手绘汽车效果图三　［意］安东尼奥·帕格利亚

图 2-2-4　数字手绘汽车效果图四　吴天祥

图 2-2-5　数字手绘汽车效果图五　刘璐

图 2-2-6 数字手绘汽车效果图六 孙菁阳

2. 数字手绘电动工具效果图

利用数字手绘进行产品草图绘制,具有速度快、方便修改、上色简便、表现清晰等特点,是设计师进行方案推敲的极佳表现方式。绘制生活用品等体积相对较小的产品时,上色可先划分区域绘制明暗色块,再运用涂抹工具使色块自然过渡(图 2-2-7、图 2-2-8)。

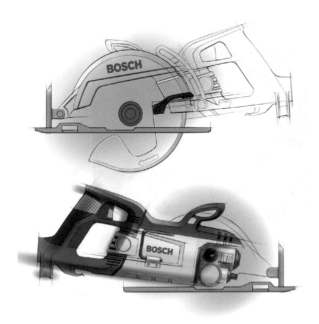

图 2-2-7 数字手绘电动工具　　　　图 2-2-8 数字手绘电钻 孙菁阳

▶▶ 三、知识点

1. 传统手绘与数字手绘的技法比较

传统手绘能够运用简单便捷的绘图工具,高效、便捷、灵活的绘制出具有一定艺术性的产品效果图。传统手绘对设计师绘画功底的要求非常高,需要经过长时间的专业训练,才能得心应手地表达设计构思。

数字手绘的工作效率是传统手绘无法赶超的,数字绘画具有强大的辅助功能,可以轻松修改不满意之处。数字手绘在细节的表现上也是传统手绘很难比拟的,比如在材质肌理和质感的表现上,数字手绘自带的笔刷可以模拟自然界中的任何材质效果。

传统手绘和板绘最大的区别就在于绘画工具,前者是使用画纸和画笔,而板绘则是使用数位板及 Photoshop、Alias SketchBook、SAI 等软件,或是手机、平板电脑与电容笔。

数字手绘使用较为广泛的是手绘板,又名数位板、绘画板、绘图板等,同键盘、鼠标、手写板一样都是计算机输入设备。数位板不仅能感受绘画者用笔的轻重,表现线条的粗细,还具有便利、快捷、可修改等诸多优势,因此很受现代设计师的欢迎(图 2-2-9、图 2-2-10)。

图 2-2-9　手绘板

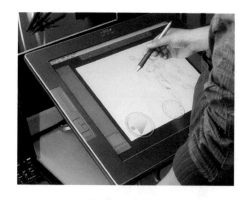

图 2-2-10　手绘屏

　　手绘板不仅具备用笔在纸上画画的感觉，还不用担心因人为因素弄脏画纸。除此之外，它还可以模拟各种各样的画笔，控制线条的粗细；也可以模拟喷枪，根据用力大小控制喷墨的多少和范围的大小。同时，还可以根据笔的倾斜角度喷出扇形等效果。另外，还能绘出各种传统画笔所无法达到的效果（图 2-2-11 至图 2-2-15）。详细对比见表 2-2-1。

图 2-2-11　数字手绘作品一　［荷］库斯·艾森

图 2-2-12　数字手绘作品二
　　　　　［荷］库斯·艾森

图 2-2-13　数字手绘作品三
　　　　　［荷］库斯·艾森

图 2-2-14 数字手绘作品四 〔荷〕库斯·艾森

图 2-2-15 数字手绘作品五 〔荷〕库斯·艾森

表 2-2-1　传统手绘和数字手绘的区别

	传统手绘	数字手绘
使用工具	绘画纸、铅笔、圆珠笔、针管笔、高光笔、马克笔、色粉笔	手绘笔、手绘板、SketchBook、Photoshop 等软件、平板电脑、电脑
手绘用途	创意快速表达、设计草图、设计思维图、产品效果预览图、产品形态堆叠展示图、快题设计图	制作二维设计图、为客户呈现设计效果、概念设计图、二维效果图、三维效果图
优点分析	绘制便捷、不需要依靠电脑软件和数码产品、草图直观清晰	工作效率高、减少纸张使用、画图简单、效果自然真实、图层灵活易操作、可用工具选择多样、操作可更改与撤销
绘制技法	徒手绘制产品设计图，要求线条流畅清晰，上色笔触顺畅，产品转折处理真实，有体积感，各种材质需表达准确。需要长时间的专业训练	与传统手绘技法相似，光影明暗处理注重细节，可用铅笔、标记笔和喷枪等进行处理，使手绘图更加真实。可利用高品质渲染工具进行更真实的材质处理
效果图	摄像头手绘图　WAACS 工作室	摄像头数字手绘图　WAACS 工作室

2. 形体的明暗表现

数字手绘中光影明暗的表达与传统手绘相同。光有强弱、远近及角度不同,物体本身有固有色、质感、肌理,物体在光的照射下有亮面、灰面及暗面。手绘中表现明暗的色调有:高光、灰面、暗面、反光与投影(图 2-2-16、图 2-2-17)。

由于传统手绘与数字手绘可改性的差异,绘制时传统手绘大多偏向于先亮面再灰面后暗面逐渐过渡的塑造,数字手绘偏向于大面积亮面、暗面或灰面的基色平铺后,再进行其他明暗部分的细致刻画。

图 2-2-16 马克笔汽车效果图 李远生

图 2-2-17 数字手绘汽车效果图 [意]安东尼奥·帕格利亚

四、数字手绘画法步骤

步骤一：在白纸上画好汽车线稿，用中性笔勾勒轮廓线，线条要肯定流畅，痕迹要清晰。通过扫描将汽车线稿转移到电脑上，以便在下一步上色时能分辨形体的轮廓线（图 2-2-18）。

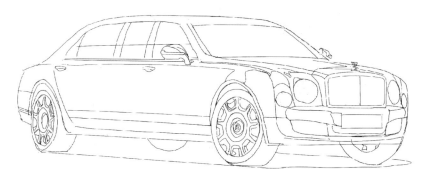

图 2-2-18　数字手绘汽车效果图步骤一

步骤二：将整个车体分成车身、车玻璃、格栅、轮胎等几大区域，先预设每个区域的基本色块，再在确定选区进行填色，填色时要确保色块与色块之间轮廓线的准确衔接。如果运用 Photoshop 进行绘图，可通过调节色块的透明度，查看色块边缘的位置（图 2-2-19）。

图 2-2-19　数字手绘汽车效果图步骤二

步骤三：填充车玻璃所在位置的色块，该过程要准确选定前挡风玻璃和车窗玻璃的轮廓。如果运用 Photoshop 进行绘图，可使用工具栏中的钢笔工具，通过拖动鼠标调节曲线的弧度，绘制合适的曲线（图 2-2-20）。

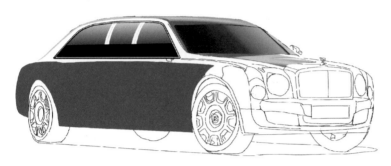

图 2-2-20   数字手绘汽车效果图步骤三

步骤四：填充车身各部分以及格栅位置的色块。先整体填充，然后根据各区域的基本造型和光影变化进行细节处理。处理时，各区域色彩变化较大时，可逐一选定需处理的选区，利用 Photoshop 中的画笔等工具进行色块边缘的虚化、亮化或加暗（图 2-2-21）。

图 2-2-21   数字手绘汽车效果图步骤四

步骤五：在填充完底部的深色块以后，处理汽车格栅。绘制好其中的一根格栅竖线后，通过复制、粘贴的方式完善整个格栅竖线，并以同样的方式处理前脸左下方和右下方的网格栅（图 2-2-22）。

图 2-2-22 数字手绘汽车效果图步骤五

步骤六：表现车灯时，首先运用 Photoshop 中的椭圆选框工具确定车灯的大小，然后运用画笔仔细刻画明暗层次与形体结构，同时处理车灯周围的车身明暗变化，接下来对车牌、车标、反光镜等进行细节绘制（图 2-2-23）。

图 2-2-23 数字手绘汽车效果图步骤六

步骤七：刻画汽车轮胎时，要充分体现轮胎的结构、明暗层次、轮毂的质感，同时要描绘车身的细节变化（图 2-2-24）。

图 2-2-24 数字手绘汽车效果图步骤七

步骤八:对车身进行整体处理,绘制车把手和缝隙线,最后用黑色系画出车体的投影(图 2-2-25)。

图 2-2-25   数字手绘汽车效果图完成图   李西运

五、参考阅读

[1] 李远生、彭幸宇:《设计之道:工业产品设计与手绘表达》,人民邮电出版社 2016 年版。

[2] 李远生、李晓性、彭幸宇:《工业产品设计手绘典型实例》,人民邮电出版社 2017 年版。

[3] 罗剑、梁军:《Photoshop 工业设计数字手绘教程》,电子工业出版社 2020 年版。

第三节   训练三——马克笔色粉画法

马克笔色粉
画法

一、课程概念

1. 课程内容

马克笔色粉画法是马克笔与色粉颜料结合绘制产品效果图的一种技法。需要先将在其他纸上画好的产品线稿转移到正稿上;接下来用马克笔描绘反射与暗部,要体现产品的明暗层次和色差变化;然后运用色粉颜料进行大面积色块、反光、透明体、光晕的刻画;最后运用白色铅笔、水粉笔等工具刻画高光、分割线、细节和轮廓线,最终完成产品的精细效果图。

2. 训练目的

学会运用马克笔将产品的造型特征快速而准确地表现出来,色粉晕染均匀自然,马克笔颜色有明暗层次。

3. 重点和难点

掌握马克笔笔触、色粉晕染、产品转折处的处理技法,学会运用绘图工具处理产品的明暗光影、形体体积与不同材质的表现。

4. 作业要求

① 熟练掌握马克笔笔触与色粉晕染的技巧。

② 选择 10 个简单的形体，勾勒基本型后进行马克笔色粉上色训练，要体现产品的明暗色块、基本色调和产品材质。

③ 运用马克笔色粉画法绘制产品效果图 8 张，产品形体由简单到复杂，绘制过程中要熟练掌握各种绘图工具的使用技巧。

▶▶ 二、设计案例

1. 清水吉治的手绘效果图

清水吉治，1934 年生于日本长野县，1959 年毕业于金泽美术工艺大学工业设计专业，原日本长冈造形大学工业设计学科教授，日本工业设计师、工业设计教育学者、马克笔手绘大师。清水吉治的画风严谨，用色细腻，对物体的塑造一丝不苟。作品画面干净工整，有很强的辨识度。出版《设计工具与表现》《产品设计草图》等著作，均可作为产品效果图临摹的优秀范本。

金属材质的表达需突出强烈的明暗对比，阴影部分采用黑色马克笔涂绘金属的光泽感，运用色粉进行过渡晕染。亮部注意留白，高光体现反射质感（图 2-3-1）。

玻璃材质的表达着重体现厚度与透明度，运用黑色或蓝色马克笔进行器皿厚度的描绘。亮部高光明显，可用白色铅笔描绘亮部轮廓线，或用色粉晕染。细节处注意折射表现（图 2-3-2）。

图 2-3-1 不锈钢水壶效果图
［日］清水吉治

图 2-3-2 化妆瓶和口红效果图
［日］清水吉治

塑料材质明暗过渡自然,对比稍弱,暗部高光均匀柔和,运用擦去色粉的方法体现亮部,白色铅笔修饰高光(图 2-3-3)。

图 2-3-3   滑雪靴效果图   [日]清水吉治

高反射电镀材质的表现不仅体现金属质感,又有反射环境的表达。用黑色马克笔绘制地平线增添产品稳定感,色粉铺涂背景制造渐变效果,反光留白用橡皮擦出(图 2-3-4 至图 2-3-7)。

图 2-3-4   吸尘器设计效果图一   [日]清水吉治

图 2-3-5 吸尘器设计效果图二 ［日］清水吉治

图 2-3-6 专用吹风机效果图 ［日］清水吉治

图 2-3-7 BMC 计测仪效果图 ［日］清水吉治

木纹材质明暗对比较弱,反光弱,用色粉直接铺色后,再运用黑色或棕色的较细笔描绘木纹肌理(图 2-3-8)。

图 2-3-8 工作台效果图 [日]清水吉治

鞋子的纺织材质明暗不明显,几乎无反光,运用色粉铺色或色纸底色直接表现。提亮物体转折处,表现光滑材质。黑色圆珠笔与白色高光笔描绘针脚特征,表达更加真实(图 2-3-9)。

图 2-3-9 运动鞋效果图 [日]清水吉治

　　交通工具效果图体现多种材质的衔接,注重明暗光影一致。虽然材质表达特征不同,但不同材质的光影处理与塑造产品的体积感密切相关(图2-3-10至图2-3-15)。

图2-3-10　汽车效果图　[日]清水吉治

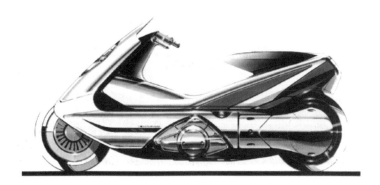

图2-3-11　小型摩托车效果图　[日]清水吉治

图2-3-12　运动车效果图　[日]清水吉治

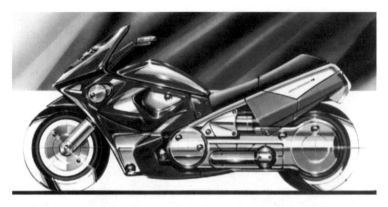

图 2-3-13 摩托车效果图 ［日］清水吉治

图 2-3-14 小轿车效果图 ［日］清水吉治

图 2-3-15 踏板车效果图 ［日］清水吉治

2. 库斯·艾森的手绘效果图

库斯·艾森,荷兰代尔夫特理工大学教授,资深产品设计师,擅长手绘技法和电脑制图。其作品色彩细腻、造型简洁,手绘草图倾向于将产品造型进行基本型的划分,比如方体、弯管、圆柱体、锥体或球体等造型,着重展现产品形态的构成,较好地训练观者的空间想象力。出版《产品设计手绘技法》《产品手绘与设计思维》等著作。

产品细节的精彩处理使设计图更具真实性,可使用黑色、灰色马克笔直接绘制电线及阴影(图 2-3-16、图 2-3-17)。

图 2-3-16　搅拌机效果图　[荷]库斯·艾森　　　　　图 2-3-17　随身听效果图　[荷]库斯·艾森

产品阴影及反射体现真实性,运用马克笔简单画出阴影范围,色粉晕染体现产品反射效果(图 2-3-18)。

图 2-3-18　吸尘器效果图　[荷]库斯·艾森

　　明暗关系与笔触可以决定产品造型,例如产品的凹凸面可以通过排笔与明暗关系进行塑造(图 2-3-19、图 2-3-20)。

图 2-3-19　推车效果图　［荷］库斯·艾森

图 2-3-20　游艇效果图　［荷］库斯·艾森

在彩色图纸上绘制效果图,可以运用马克笔进行简单的明暗处理,提升视觉冲击力。在产品近处运用偏暖调色粉,增强立体感(图 2-3-21 至图 2-3-23)。

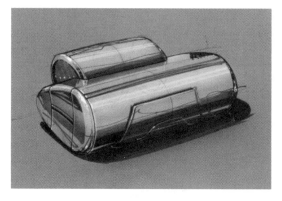

图 2-3-21 打印机效果图 [荷]库斯·艾森

图 2-3-22 电熨斗效果图 [荷]库斯·艾森

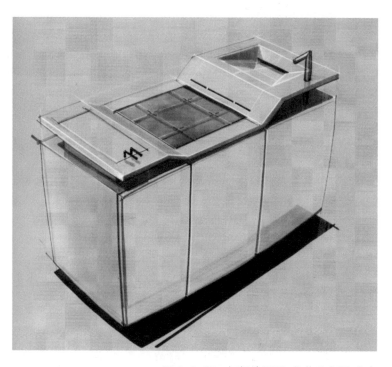

图 2-3-23 橱柜效果图 [荷]库斯·艾森

▶▶ 三、知识点

1. 透明材质的处理方式

透明材质除了有明显的透明特性之外,还有折射和反射的特性。在绘制一些含有透明材质的产品时,通透性等特性在手绘的表现是否准确中起到重要作用。在产品手绘中,透明材质反射光线的强弱与环境光线的强弱成正比,即环境光线逐渐变强时,反射光线也会变强,周围物体的反射更清晰;环境光线变弱时,反射光线也变弱,周围物体的反射更模糊。

数字手绘绘制透明材质时与传统手绘绘制原理相似,但数字手绘可区分图层、选区以及剪辑蒙版,描绘反射与反光区域时准确干净又过渡自然(图 2-3-24、图 2-3-25)。

 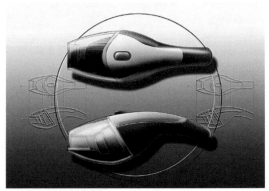

图 2-3-24 数字手绘透明材质表现一 罗剑 　　 图 2-3-25 数字手绘透明材质表现二 罗剑

2. 效果图背景的处理方式

设计师绘制产品效果图时,需要基于不同的设计目的,为其制作相应环境特征的背景。我们可以使用简单的形状(比如一根线或一个色块)将主体物在图像中衬托出来(图 2-3-26、图 2-3-27)。也可以使用相关插图或场景来衬托产品效果图(图 2-3-28 至图 2-3-31)。

图 2-3-26 小轿车效果图 [日]清水吉治

图 2-3-27 汽车效果图 〔荷〕库斯·艾森

图 2-3-28 汽车效果图 许喆

图 2-3-29　吊车效果图　彭韧

图 2-3-30　越野车效果图　彭韧

图 2-3-31　飞机效果图　郑志恒

　　也可以裁剪产品,将其与合适的背景相拼合,这种方式灵活性较强,效果佳(图 2-3-32 至图 2-3-34)。

图 2-3-32　电动卷笔刀效果图　　　　图 2-3-33　无线·LAN 机效果图
　　　　　　[日]清水吉治　　　　　　　　　　　　 [日]清水吉治

图 2-3-34   "怪兽"摩托车效果图   〔荷〕库斯·艾森

　　背景与投影在产品手绘图中起到衬托及凸显产品的作用,投影的绘制使产品与环境具有上下左右的空间层次关系,而背景的绘制可遵循以下规律,也可根据实际情况绘制背景。

　　① 以灰色材质为主的产品可采用色彩纯度高的鲜艳背景(图 2-3-35)。

　　② 色彩明度高的产品可采用深色作为背景(图 2-3-36)。

　　③ 色彩纯度高的产品可采用其对比色作为背景(图 2-3-37)。

　　④ 色彩明度和纯度都高的产品也可考虑深灰色作为背景(图 2-3-38)。

　　⑤ 色彩为冷色的产品可以选择暖色作为背景(图 2-3-39)。

图 2-3-35   水壶效果图   孙辛欣

图 2-3-36   复印机效果图   〔日〕清水吉治

图 2-3-37 通用型发动机效果图 ［日］清水吉治

图 2-3-38 小型精密机床效果图 ［日］清水吉治

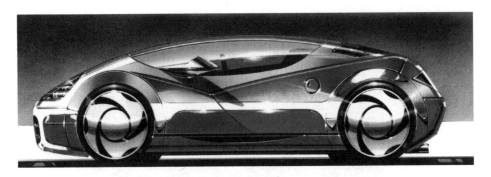

图 2-3-39 跑车效果图 ［日］清水吉治

▶▶ 四、马克笔色粉画法步骤

步骤一至步骤五:将在其他纸上画好的汽车线稿转印到正稿纸(一般选用较平滑的纸张)上,转印时用黑色圆珠笔对汽车轮廓线、车身反射倒影和细节部分进行描绘。曲线部分可借助曲线模板、椭圆模板、蛇尺等工具进行描绘(图 2-3-40 至图 2-3-44)。

绘图线稿
转移方法

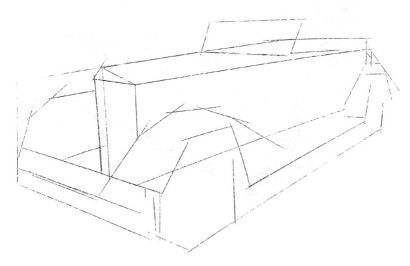

图 2-3-40 马克笔色粉画法步骤一

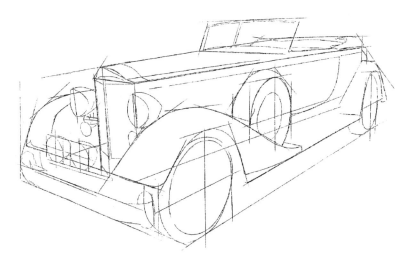

图 2-3-41　马克笔色粉画法步骤二

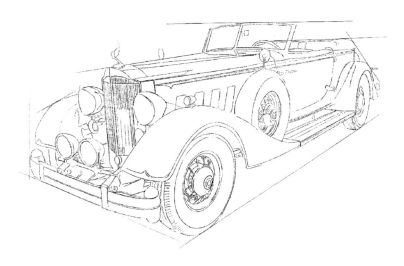

图 2-3-42　马克笔色粉画法步骤三

图 2-3-43 马克笔色粉画法步骤四

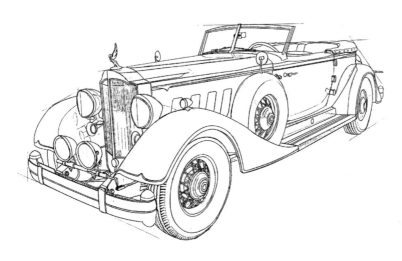

图 2-3-44 马克笔色粉画法步骤五

步骤六至步骤八：进入马克笔描绘阶段。用蓝黑色系马克笔描绘汽车车身部分的反射和暗部，描绘要简洁快速，注意色块的明暗层次和色差变化，充分展现汽车的基本色彩与体块转折（图2-3-45至图2-3-47）。

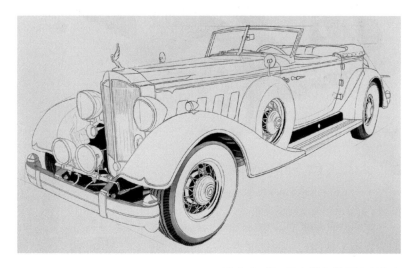

图 2-3-45 马克笔色粉画法步骤六

图 2-3-46 马克笔色粉画法步骤七

图 2-3-47　马克笔色粉画法步骤八

步骤九至步骤十二：用灰色系马克笔描绘汽车车身其他部分的反射和暗部，描绘时尽可能使用尺规类工具（图 2-3-48 至图 2-3-51）。

图 2-3-48　马克笔色粉画法步骤九

图 2-3-49　马克笔色粉画法步骤十

图 2-3-50　马克笔色粉画法步骤十一

图 2-3-51 马克笔色粉画法步骤十二

步骤十三：进入色粉处理阶段。用折叠的纸巾蘸上灰色系色粉,描绘汽车车身的下半部分。为了画面的整洁和产品色彩表达的准确,可用遮盖胶带将不涂色粉的部分遮挡起来。在色粉描绘时为使形体质感更加滑爽,可在色粉中加入一些婴儿爽身粉,画面效果更佳(图 2-3-52)。

图 2-3-52 马克笔色粉画法步骤十三

步骤十四：色粉处理完成后要及时喷上色粉固定液，使色粉固定在画面上。用削尖的铅笔简洁地描绘亮部的分割线、细部和轮廓线等，用白色水粉描绘出亮部的高光点（图2-3-53）。

图2-3-53 马克笔色粉画法步骤十四

步骤十五：细节处理阶段。用黑色圆珠笔、黑色细马克笔对分割线、轮廓线等细部进行刻画，用黑色马克笔画出汽车车身的投影（图2-3-54）。

图2-3-54 马克笔色粉画法完成图 马驰

▶▶ 五、参考阅读

[1] 彭韧:《图示表达》,中国建筑工业出版社 2010 年版。

[2] 罗剑、李羽:《工业手绘表现技法与提案技巧》,电子工业出版社 2010 年版。

[3] [荷] 库斯•艾森、罗丝琳•斯特尔:《产品手绘与创意表达》,王玥然译,中国青年出版社 2012 年版。

[4] [日] 清水吉治:《产品设计效果图技法》(第 2 版),马卫星编译,北京理工大学出版社 2013 年版。

[5] 姜芹、吕荣丰:《产品设计手绘表达》,合肥工业大学出版社 2015 年版。

[6] 王艳群、张丙辰:《产品设计手绘与思维表达案例教程》,人民邮电出版社 2015 年版。

[7] 周睿、费凌峰:《工业设计手绘快速表现:从创意表达到设计应用》,科学出版社 2016 年版。

[8] 沈海泳、肖淮、季超:《产品设计表现与创意》,河北美术出版社 2017 年版。

[9] 罗剑、梁军、严专军:《工业设计手绘案例教程》,人民邮电出版社 2017 年版。

[10] 许喆:《马克笔汽车写实手绘技法教程》,人民邮电出版社 2019 年版。

■ 第四节　训练四——水粉底色画法

水粉底色画法

▶▶ 一、课程概念

1. 课程内容

水粉底色画法是用水粉颜料绘制产品效果图的一种技法。这种技法需要提前裱好正稿纸,将其他纸上画好的产品线稿转移到正稿纸上;接下来用底纹笔涂刷底色,底色要体现产品的明暗色块和基本色调;然后运用界尺、蛇尺、毛笔、马克笔、鸭嘴笔、高光笔等绘制工具对产品进行细节刻画;最后完成产品的精细效果图。

2. 训练目的

学会运用水粉颜料将产品的造型特征精致而准确地表现出来,水粉颜料具有色泽鲜艳、浑厚、不透明、覆盖力强的特点,便于多次修改。

3. 重点和难点

掌握运用底纹笔涂刷底色的技巧,学会运用绘图工具处理产品的细节。

4. 作业要求

(1) 熟练掌握在画板上裱纸的技巧。

(2) 选择 10 个简单的形体勾勒基本型后进行底色涂刷训练,要体现产品的明暗色块和基本色调。

(3) 运用水粉底色画法,绘制产品效果图 6 张。产品形体由简单到复杂,绘制过程中要熟练掌握各种绘图工具的使用技巧。

▶▶ 二、设计案例

1. 交通工具手绘效果图

先用水粉进行大面积铺色,然后精准描绘细节,画面精致,车身表现流畅而光滑(图 2-4-1)。

线条严谨,清楚地表现出车身的光洁质感,刻画较精致(图 2-4-2)。

运用底纹笔涂刷的背景与车身色彩相互借用,节省了大量的绘制时间。细节清晰,给人以柔和的感觉(图 2-4-3)。

用水粉大面积平涂,然后添加高光和反光。整个车身刻画细致,结构清晰(图 2-4-4)。

细节刻画到位,工具运用熟练,借助底色表现车身色彩,用笔简洁利落(图 2-4-5 至图 2-4-7)。

图 2-4-1 汽车手绘效果图 段卫斌

图 2-4-2 汽车手绘效果图 郑志恒

图 2-4-3 汽车手绘效果图 郑志恒

图 2-4-4 汽车手绘效果图 郑志恒

图 2-4-5 汽车手绘效果图 郑志恒

图 2-4-6 飞机手绘效果图 彭韧

图 2-4-7 汽车手绘效果图 郑志恒

2. 生活用品手绘效果图

画面整体简洁明了,细节刻画精致,详细地表现出产品的造型特点和材料质感,立体感强(图 2-4-8、图 2-4-9)。

充分利用底色突出画面色彩,表现手法细腻、生动、耐人寻味,明暗关系表达简练、精致、准确、到位(图 2-4-10、图 2-4-11)。

图 2-4-8　手表手绘效果图　郑志恒　　图 2-4-9　MP3 手绘效果图　郑志恒

图 2-4-10　投影仪手绘效果图　彭韧　　图 2-4-11　望远镜手绘效果图　彭韧

细节表达细致,造型严谨,透视关系比例准确(图 2-4-12)。

线条流畅,画面表现力强,色彩表达简练且富有变化,整体给人一种简洁明快的感受(图 2-4-13、图 2-4-14)。

产品的质感表达到位,透视比例关系准确,细节刻画深入(图 2-4-15)。

绘制手法干练,造型严谨,比例协调,设计表达主次有序(图 2-4-16)。

画面层次感强,比例适中,线条流畅,色彩刻画深浅有度(图 2-4-17 至图 2-4-19)。

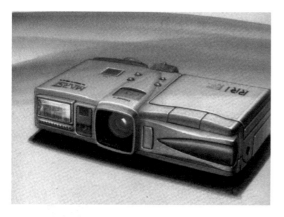

图 2-4-12　投影仪手绘效果图　彭韧

图 2-4-13　打印机手绘效果图　彭韧

图 2-4-14　工具箱手绘效果图　彭韧

图 2-4-15　摄像机手绘效果图　彭韧

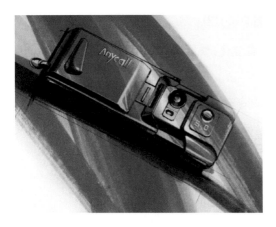

图 2-4-16 照相机手绘效果图 邓卫斌　　　　图 2-4-17 照相机手绘效果图 邓卫斌

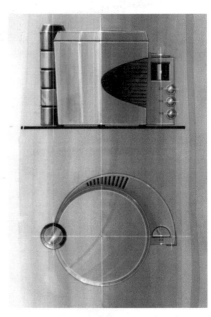

图 2-4-18 搅碎机手绘效果图 林伟　　　　图 2-4-19 微波炉手绘效果图 林伟

画面色调和谐统一,高光、反光和明暗关系的表达精致、准确、到位(图 2-4-20)。

画面色调统一,黑白灰效果明确,表现手法细腻、生动(图 2-4-21 至图 2-4-23)。

图 2-4-20 靴子手绘效果图 郑美华

图 2-4-21 闹钟手绘效果图 郑志恒

图 2-4-22 摄影机手绘效果图 丁满

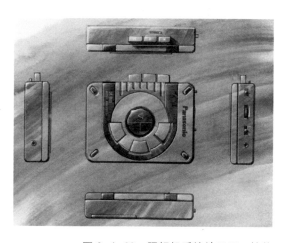

图 2-4-23 照相机手绘效果图 林伟

构图完整合理,笔触简洁明了,光影层次丰富,材质表达准确(图 2-4-24)。

图 2-4-24 电话机手绘效果图 [日]清水吉治

画面效果写实、耐看,整体造型严谨。画面背景色彩与照相机的主色调相互借用,大大节约了绘画时间(图 2-4-25、图 2-4-26)。

图 2-4-25 照相机手绘效果图 郑志恒　　　图 2-4-26 耳机手绘效果图 郑志恒

▶▶ 三、知识点

1. 水粉底色画法中底色的绘制要点

运用水粉颜料可以充分表现产品的空间感、光感和质感,在绘制过程中要注意颜料受色能力和覆盖能力的强弱、色阶的高低。水粉呈粉质,覆盖性强,色彩丰富,色泽鲜艳,可调配范围大,着色较为厚重。画面中需要强调大面积色彩或者着重强调固有色时,适合使用水粉底色画法。

水粉底色画法一般用底纹笔涂刷出画面的基本色调,刚上完底色时画面颜色比较鲜艳,水干透后颜色会变浅和变灰一些。在进行局部修改和画面调整时,往往是干湿与厚薄法综合运用,可用清水将局部润湿,再作调整。注意每画一遍颜色会覆盖前一遍的颜色,因此画的次数不能太多,适宜整体作画。这种方法有利于效果图整体效果的深入表现,画大面积颜色时宜薄,画局部时可厚。

水粉表现技法分为干画法、湿画法和干湿结合法三种。

干画法是根据物体的结构及颜色的变化,在前一笔水粉颜色干了以后,再把下一笔覆盖上去。因为所用水分较少,颜色较为厚重,画面中笔触需要清晰肯定,色泽饱满明快,能够形象描绘产品效果图中的细节。如果笔触凌乱,会破坏画面的整体效果。

湿画法是在颜色未干时,对两种颜色进行衔接,对于表现光滑、细致的物体和变化微妙的体面关系极为适宜,也可用于铺陈远处的背景。先在图纸上涂清水再上色,在绘制过程中画面容易产生粉、脏、灰的现象,可以用笔将没画好的颜色蘸洗干净,干后用稍厚、具有覆盖性的颜料重画。

干湿结合法是将不同质地的物体组合在一起,需要用多种方法去表现。一幅画面中不同质地的物体用不同的干湿方法塑造,如为表现物体的前后空间,后面物体画的遍数要少,颜色水分大些,前面的物体可多遍修整。物体暗面颜色要薄,亮面颜色可适当厚一些。

水粉底色画法以水作为媒介,具有很强的塑造能力,绘制中需注意水量的控制以及加色技巧,暗部色彩要一步完成。在画虚处、远处和暗部时,笔触要模糊些、平些,颜色要薄一些,以增加虚远感;在画近处、实处和亮部时,笔触则要显露些、颜色要厚一些,以增强其结实、突出、明晰的效果。从画面的整体出发,一幅画的用笔要有变化有统一,形成一种节奏感,要防止出现缺乏整体处理画面的意识。

2. 裱纸的处理方法

① 工具准备:尺子、铅笔、水胶带、喷水壶、纸张(图2-4-27)。

② 先在纸的四周画准线,防止后续水胶带贴偏(图2-4-28)。

裱纸的处理
方法

③ 纸张平整裱好以后,先用喷水壶将纸轻轻打湿(图2-4-29)。

④ 根据纸张大小裁剪水胶带,并将其全部浸水(图2-4-30)。

⑤ 沿着铅笔画的定准线将水胶带对齐贴上(图2-4-31)。

⑥ 沿四周定准线依次贴上水胶带(图2-4-32)。

⑦ 水胶带粘贴完毕,纸张因打湿产生褶皱,需静置晾干,也可用吹风机轻轻吹干,注意不要暴晒(图2-4-33)。

⑧ 纸张晾干后,裱纸完成(图2-4-34)。

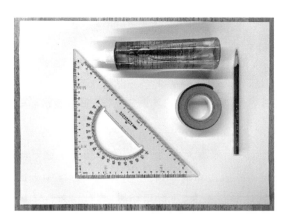

图 2-4-27　步骤一

图 2-4-28　步骤二

图 2-4-29　步骤三

图 2-4-30　步骤四

图 2-4-31 步骤五

图 2-4-32 步骤六

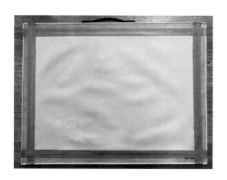

图 2-4-33 步骤七

图 2-4-34 步骤八

▶▶ 四、水粉底色画法步骤

水粉底色画法的大致步骤为：先将画纸裱在画板上，然后直接用笔在画纸上起稿或将其他纸上画好的线稿转印到正稿纸上。由于水粉颜料具有良好的覆盖力，着色的步骤较为灵活，既可以从中间调子入手，再画暗部和亮部；也可以先画暗部，再逐渐画中间调子和亮部；还可以先画大面积部分，再画局部和细节。注意画面整体关系，最后画反光和高光。以汽车绘制为例：

步骤一：将在其他纸上画好的汽车稿转印到正稿纸上，可借助直尺、蛇尺等工具，用钢笔或针管笔勾勒轮廓线，线条要肯定流畅，痕迹要深，以便在下一步上色时能分辨出形体的轮廓线（图2-4-35）。

图 2-4-35 水粉底色画法步骤一

步骤二：根据车体的色彩用底纹笔涂刷背景，用笔要简洁干脆、整齐流畅，通过色彩的浓淡体现车身的明暗变化。为便于形体的塑造，可用马克笔勾画车体重要的结构线（图 2-4-36）。

图 2-4-36 水粉底色画法步骤二

步骤三：用深色水粉颜料（或马克笔）画出车身前脸、轮胎和挡风玻璃等部位，体现车体的黑、白、灰层次关系（图 2-4-37）。

图 2-4-37　水粉底色画法步骤三

步骤四：用水粉颜料描绘车灯、轮胎等重点部位（图 2-4-38）。

图 2-4-38　水粉底色画法步骤四

步骤五:用水粉颜料刻画车灯、车把手、缝隙线、高光线等细节,突出车体的转折起伏(图 2-4-39)。

图 2-4-39 水粉底色画法步骤五

步骤六:进一步刻画车身前脸,添加车牌、标志等细节,最后用黑色马克笔画出车体的投影(图 2-4-40)。

图 2-4-40 水粉底色画法完成图 李西运

▶▶ 五、参考阅读

[1] 林伟:《设计表现技法》,化学工业出版社 2005 年版。

[2] 张成忠:《产品效果图技法与分析》,北京理工大学出版社 2006 年版。

[3] 丁满、孙秀丽:《产品二维设计表现》,北京理工大学出版社 2008 年版。

[4] 彭红、赵音:《产品设计表达》,北京大学出版社 2016 年版。

[5] 兰图、彭艳芳:《产品设计与手绘表达》,化学工业出版社 2016 年版。

[6] 段卫斌:《工业设计手绘新表现》,化学工业出版社 2017 年版。

[7] [日]清水吉治:《设计工具与表现》,黄河、张福昌译,清华大学出版社 2019 年版。

[8] 郑志恒、史慧君、傅儒牛:《产品设计手绘表现技法》,化学工业出版社 2020 年版。

第五节　训练五——色纸画法

色纸画法

▶▶ 一、课程概念

1. 课程内容

色纸画法主要是选用产品固有色或是接近产品固有色的颜色或是明暗关系的中间色作为色纸的底色基调,同时对形体进行暗部加重、亮部提高的塑造方法。色纸画法程序简洁,画面协调统一,富有表现力。色纸的选择应与要表现对象的倾向色有关,通常情况下选择黑色、深灰色、深蓝色、米黄色等,也要考虑色纸底色与配色的关系。如果选择中间色则需要运用马克笔、黑白彩色铅笔、圆珠笔、色粉笔等工具对产品进行提亮或加暗,绘制出立体效果。

2. 训练目的

在选好的有色卡纸上合理运用马克笔、色粉笔、高光笔等工具,运用卡纸凸显产品的颜色与质感,使产品效果饱满,有体积感,色彩自然。

3. 重点和难点

着重表达产品高光、投影与少量的亮部与暗部,注意有色卡纸底色的选择需配合产品表现。

4. 作业要求

① 熟练掌握色纸画法体现体积感的技巧。

②　选择 10 个简单的形体勾勒基本型,然后在不同色纸上进行上色训练,要体现产品的明暗关系和产品材质。

③　运用色纸画法绘制产品效果图 8 张,产品形体由简单到复杂,绘制过程中要熟练掌握各种绘图工具的使用技巧。

▶▶ 二、设计案例

1. 交通工具手绘效果图

用彩色绘图纸表现产品的中间色彩,运用马克笔、色粉笔塑造产品的明暗层次,采用高光笔进行产品的亮部处理,这样可以提升绘图速度(图 2-5-1、图 2-5-2)。

采用明度较低的彩色绘图纸,使用马克笔进行明暗处理与着色,使用高光笔进行亮部修饰(图 2-5-3、图 2-5-4)。

运用黑色卡纸绘制汽车效果图,主要使用了高光笔、白色彩色铅笔及白色色粉笔等工具,画面大气,视觉冲击感强(图 2-5-5、图 2-5-6)。

图 2-5-1　工程车效果图　彭韧

图 2-5-2 跑车效果图 李西运

图 2-5-3 敞篷车效果图— ［德］Wur Bnagumup

图 2-5-4　敞篷车效果图二　［德］Wur Bangumup

图 2-5-5　汽车效果图　林伟

图 2-5-6　跑车效果图　罗剑

运用深色卡纸绘制的摩托车效果图,对摩托车形体把控力强,虚实关系处理得当,线条流畅且富有韵律(图 2-5-7 至图 2-5-9)。

图 2-5-7　摩托车效果图　蒋天顺

图 2-5-8　汽车效果图　郑志恒

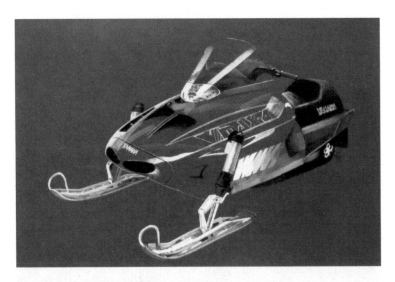

图 2-5-9　雪地摩托车效果图　洪金钢

运用黑色卡纸绘制的汽车效果图,画面清晰而强烈地展示了光影与结构的关系(图2-5-10)。

图2-5-10 汽车效果图 WAYNE·HSU

2.家居用品手绘效果图

通过彩色绘图纸体现产品的主体颜色,运用深色马克笔处理阴影部分,使用白色高光笔描绘细节、勾勒轮廓,提升视觉效果(图2-5-11至图2-5-13)。

彩色绘图纸为产品主题色,搭配亮度较高的颜色体现层次感(图2-5-14)。

图2-5-11 投影仪效果图 李西运

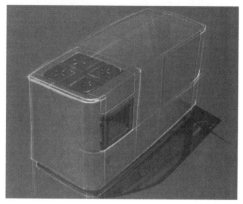

图2-5-12 橱柜效果图 [荷]库斯·艾森

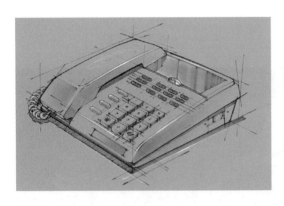

图 2-5-13　座机电话效果图

图 2-5-14　IT 终端机效果图　［日］清水吉治

　　用饱和度较高的彩色绘图纸表现物体颜色，无须运用彩色配色。产品轮廓与线条通过黑色圆珠笔画出，使用深灰色马克笔与高光笔刻画明暗（图 2-5-15）。

　　用彩色绘图纸表现物体颜色，使用深色马克笔处理阴影部分，使用白色高光笔凸显亮面与细节，以及勾勒轮廓来提升视觉效果（图 2-5-16）。

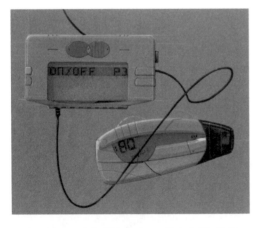

图 2-5-15　随身听效果图　［荷］库斯·艾森　　图 2-5-16　皮鞋效果图　林伟

　　色纸画法使用具有一定的强度且质轻的特种纸,特种纸有纹理、平滑、光泽度不同的多种类型,颜色多样、外表美观。使用特种纸不仅能体现产品色彩,还可以体现产品质感,但勾勒产品时要注意肌理效果,尽量保持笔触流畅、整洁、有层次感(图 2-5-17、图 2-5-18)。

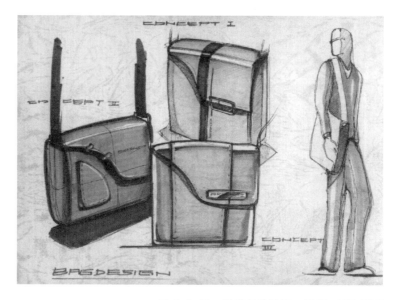

图 2-5-17　单肩包效果图　罗剑、李羽、梁军

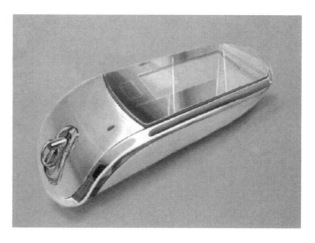

图 2-5-18　挂件效果图　段卫斌

彩色绘图纸无法满足效果图配色时,可用彩色马克笔或色粉笔进行合理的配色,要注意颜色的搭配与明暗的处理(图 2-5-19 至图 2-5-21)。

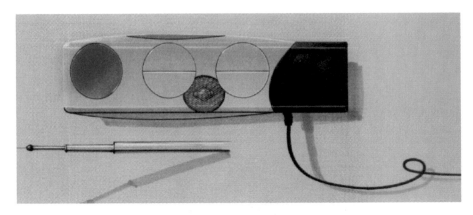

图 2-5-19 收音机效果图 [荷]库斯·艾森

图 2-5-20 望远镜效果图 [荷]库斯·艾森

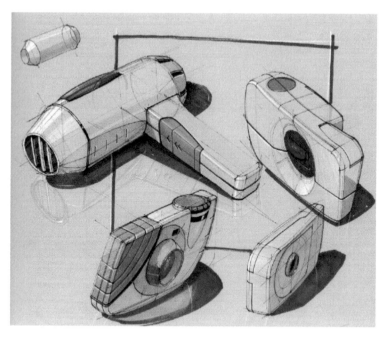

图 2-5-21　吹风机、照相机效果图　［荷］库斯·艾森

　　运用黑白彩色铅笔塑造形体的亮暗面,铅笔的排线顺应形体的结构,通过改变排线方向或叠加排线表现形体的阴影(图 2-5-22 至图 2-5-24)。

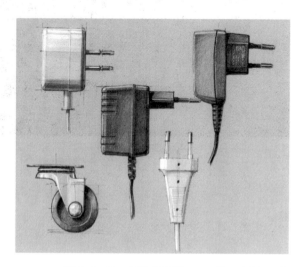

图 2-5-22　插头效果图一　［荷］库斯·艾森

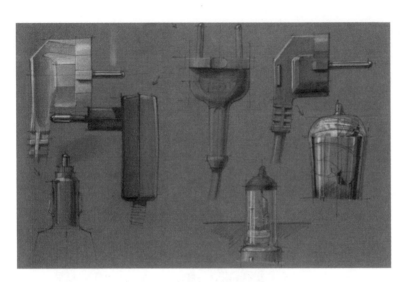

图 2-5-23 插头效果图二 ［荷］库斯·艾森

图 2-5-24 摄像机效果图 彭韧

　　运用色纸画法绘制的电动剃须刀和吸尘器,明确了各形体的结构关系,明暗对比清晰,笔触流畅、简洁(图 2-5-25、图 2-5-26)。

图 2-5-25　电动剃须刀效果图　赖伟军　　　图 2-5-26　吸尘器效果图　黄志川

运用色纸画法绘制的皮包效果图,画面光感强烈,皮包质感表现明确,细节刻画也十分精细 (图 2-5-27)。

清水吉治运用色纸画法绘制的传真机,造型严谨,整体和谐(图 2-5-28)。

图 2-5-27　皮包效果图　罗永科　　　图 2-5-28　传真机效果图　[日]清水吉治

运用深色色纸画法来表现透明物体的质感,整幅画面对比强烈,玻璃的通透感表达明确,整体节奏感强(图 2-5-29 至图 2-5-32)。

图 2-5-29 玻璃杯效果图
[日]清水吉治

图 2-5-30 玻璃杯效果图
[日]清水吉治

图 2-5-31 杯子效果图 段卫斌

图 2-5-32 杯子效果图 郑志恒

运用色纸画法表达金属的材质,造型严谨,轮廓线条流畅且富有变化(图 2-5-33 至图 2-5-36)。

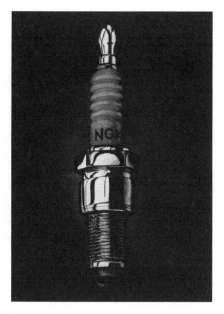

图 2-5-33 火花塞效果图 段卫斌

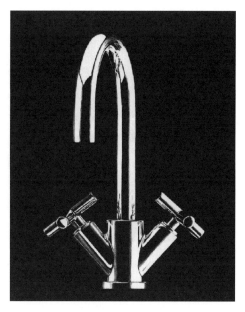

图 2-5-34 水龙头效果图 段卫斌

图 2-5-35 戒指效果图 段卫斌

图 2-5-36 手表效果图 段卫斌

　　运用深色色纸画法表达皮革的材质,描绘出产品主体的轮廓后,利用转折处的高光体现整体的造型(图 2-5-37、图 2-5-38)。

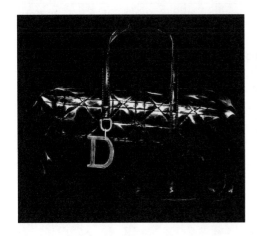 

图 2-5-37　皮包色纸画法　段卫斌　　　　图 2-5-38　运动鞋效果图　段卫斌

　　色纸画法表现力强,常用于形体明暗对比强烈的效果图中,可以将产品的造型特征精致而准确地表现出来(图 2-5-39、图 2-5-40)。

图 2-5-39　数码相机效果图　[日]清水吉治　　图 2-5-40　汽车效果图　林国云

　　运用色纸画法表达产品的材质,产品的比例、透视和结构关系把握准确,体量感强(图 2-5-41 至图 2-5-43)。

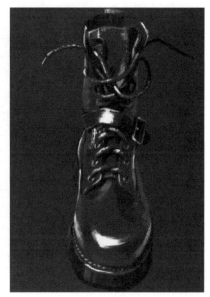

图 2-5-41　手表效果图　郑志恒　　　　　图 2-5-42　皮鞋效果图　林伟

图 2-5-43　皮鞋效果图　林伟

利用深色色纸绘制摄像机效果图,产品的细节刻画精致,线条简洁概括(图2-5-44)。

图 2-5-44 摄像机效果图 林伟

运用深色色纸绘制汽车效果图,绘画工具运用熟练,车灯、格栅塑造精细,较好地体现了画面的厚重感(图2-5-45)。

图 2-5-45 汽车效果图 李西运

▶▶ 三、知识点

1. 形体的色彩表现

色纸种类较多,颜色也多种多样。在利用色纸进行大面积上色时,也需要采用马克笔、高光笔、水粉、色粉笔等工具对产品明暗面进行表现,同时进行产品配色(图 2-5-46 至图 2-5-49)。

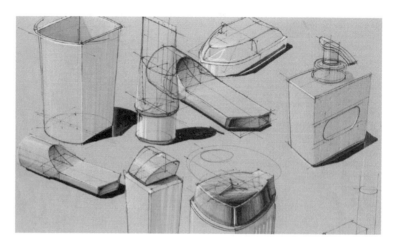

图 2-5-46 洗漱用品效果图 [荷]库斯·艾森

图 2-5-47 烤面包机效果图 [荷]库斯·艾森

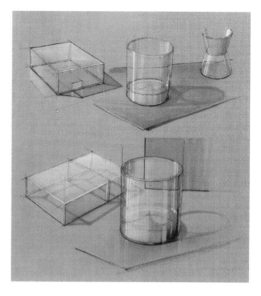

图 2-5-48 玻璃杯效果图 [荷]库斯·艾森

图 2-5-49 收音机效果图 钟莺

2. 效果图纹饰的处理方式

(1) 刮字纸转印法

在手绘产品效果图中,可使用刮字纸增加效果图的真实感。将所用的转印贴裁剪后置于准备加文字的位置;然后在上面盖上一层遮盖带,用直尺沿着一个方向慢慢刮,力度要适中,刮几下后慢慢揭开遮盖带;最后可喷一层光油保护文字(图 2-5-50)。

图 2-5-50 鞋子效果图 [日]清水吉治

(2) 手绘法

产品效果图中商标与文字常用手绘表现,需要注意的是纹饰的透视要与产品的透视一致(图 2-5-51 至图 2-5-53)。

图 2-5-51 音响效果图 彭韧

图 2-5-52 跑车手绘图 [荷]库斯·艾森

图 2-5-53　汽车手绘图　［德］亚德兰·凡·贺登科

(3) 贴图法

效果图细节纹饰也可利用身边素材,合适素材的加入可以提升效果图的真实感 (图 2-5-54)。

图 2-5-54　投影仪效果图　［日］清水吉治

四、色纸画法步骤

以汽车为例,介绍色纸画法的步骤。

步骤一、步骤二:用铅笔在裱好的色纸上起好稿,或在其他纸上起好稿再转印到色纸上(图 2-5-55、图 2-5-56)。

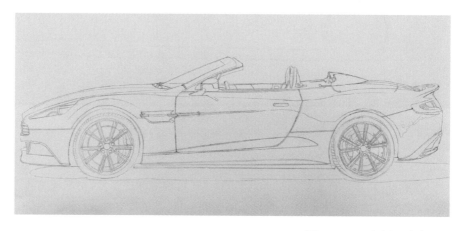

图 2-5-55 色纸画法步骤一

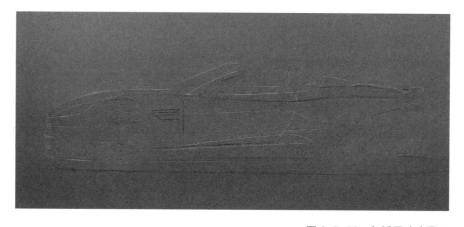

图 2-5-56 色纸画法步骤二

步骤三：用深色马克笔画出车身的形体结构，明确形体的亮部、暗部和轮廓线（图2-5-57）。

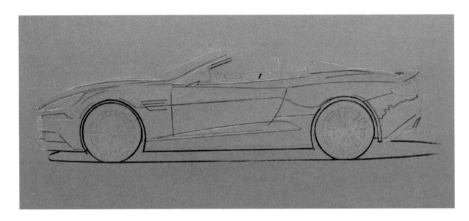

图2-5-57 色纸画法步骤三

步骤四：用深色马克笔描绘出汽车的车灯、玻璃等深色部分，用深灰色马克笔塑造汽车车身暗部。在绘制中尽量使用蛇尺、曲线板等辅助工具，避免反复修改（图2-5-58）。

图2-5-58 色纸画法步骤四

　　步骤五、步骤六：描绘出汽车的轮毂、车灯等亮部部位，丰富画面的黑、白、灰层次关系（图 2-5-59、图 2-5-60）。

图 2-5-59　色纸画法步骤五

图 2-5-60　色纸画法步骤六

步骤七：进一步塑造轮毂、车灯的细部，并刻画汽车车身的亮部（图2-5-61）。

图2-5-61　色纸画法步骤七

步骤八、步骤九：进一步塑造车体的明暗关系，刻画出车体的缝隙线、车标、纹饰等内容，最后添加车体的投影，并作整体调整（图2-5-62、图2-5-63）。

图2-5-62　色纸画法步骤八

图 2-5-63　色纸画法完成图　李西运

▶▶ 五、参考阅读

[1] 李和森、章倩砺:《产品设计效果图手绘技法》,湖北美术出版社 2012 年版。

[2] 罗剑、李羽、梁军:《工业设计手绘宝典:创意实现 + 从业指南 + 快速表现》,清华大学出版社 2014 年版。

[3] 孙辛欣:《工业设计手绘与创意表达》,电子工业出版社 2019 年版。

第三章

产品效果图欣赏与分析

本章摘要

本章是作品欣赏与分析部分，文中提供了大量国内外不同技法的优秀效果图，归类分析了设计草图、数字手绘效果图、马克笔色粉效果图、水粉底色效果图、色纸画法效果图等不同产品效果图的特征，让读者明确不同技法的差异与联系，可进一步加强数字化与传统技艺的结合，探索一种最适合自己的产品设计表现技法，为下一步的专业学习奠定扎实的基础。

第一节　设计草图——几笔勾勒现创意

设计草图是设计师在产品初步思考时进行的产品效果绘制,应具有简洁、准确、快速表达的优点。优秀的产品设计草图有线条流畅、透视准确、整洁明晰的特点,重点在于产品全貌的勾勒,由整体至局部刻画,主次分明。

设计草图的线条应清爽利落,线条粗细变化流畅,通过塑造阴影与线条虚实变化,体现出产品结构的层次感(图 3-1-1 至图 3-1-3)。

作品赏析
要点介绍

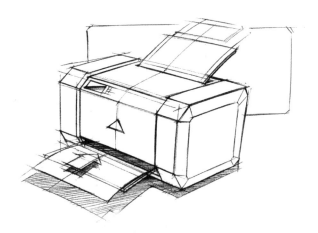

图 3-1-1　打印机设计草图

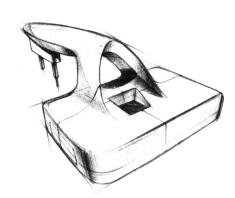

图 3-1-2　吸尘器设计草图

图 3-1-3　运动鞋设计草图　陈玲江

　　线条不仅可以勾勒轮廓,也可以塑造肌理。曲线体现产品柔软的特征,细节处刻画纹路肌理与边缘走线来表达布艺材质的特征(图 3-1-4、图 3-1-5)。

图 3-1-4 背包设计草图 陈玲江

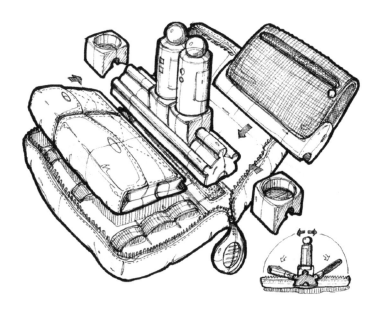

图 3-1-5 "多合一"背包设计草图 刘传凯

使用马克笔进行快速上色,既能传达产品配色,又能准确展现产品材质(图 3-1-6)。

图 3-1-6 化妆瓶设计草图

交通工具草图透视较为复杂,通过加重产品轮廓线拉开了线稿层次感。细节处理部分较多,加入结构线体现产品的造型层次(图 3-1-7、图 3-1-8)。

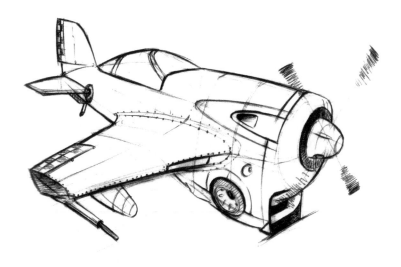

图 3-1-7 飞机设计草图 杨曼

图 3-1-8 汽车设计草图 丁满

汽车车前保险杠、车灯、格栅等细节透视准确,轮胎纹理线条处理细腻,具有真实感。地面阴影排线密集,塑造一种稳重感与安全感(图 3-1-9)。

图 3-1-9 越野车设计草图 赵颖

汽车底部粗线条加重,增强产品重量感。轮胎绘制轻盈流畅,给人安全感与运动感(图 3-1-10)。

交通工具的体积大、细节多,需要多方位地塑造,产品外观表达更加透彻、全面(图 3-1-11、图 3-1-12)。

图 3-1-10 运动车设计草图 杨曼

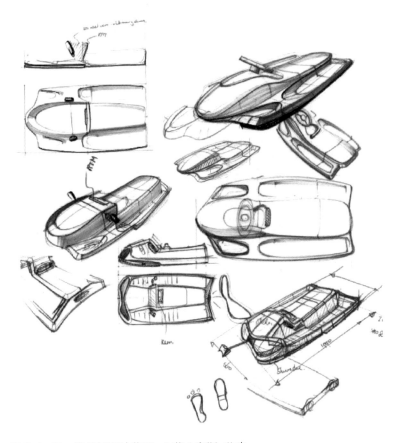

图 3-1-11 摩托艇设计草图 ［荷］库斯·艾森

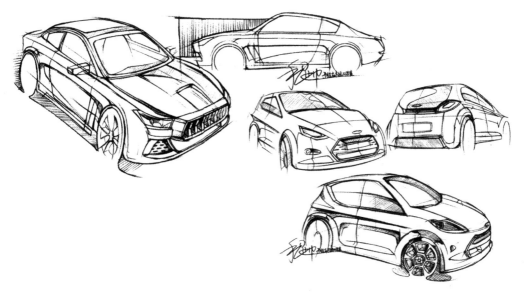

图 3-1-12　汽车设计草图　程帅

　　草图线条干净利索,多运用直线辅助手绘,塑造出机械工具硬朗的外观。物体细节透视准确,突出产品特征,营造产品的真实感(图 3-1-13、图 3-1-14)。

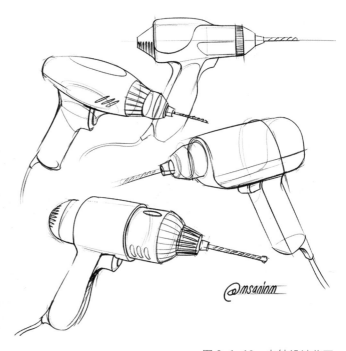

图 3-1-13　电钻设计草图

图 3-1-14　卷尺设计草图

　　产品结构线可以清晰表现产品的结构转折与体积感。立体装配图中阴影与遮挡关系的处理细致,使产品内部结构展示得清晰明了(图 3-1-15、图 3-1-16)。

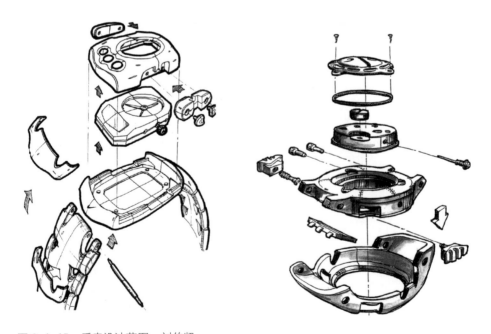

图 3-1-15　手表设计草图　刘传凯

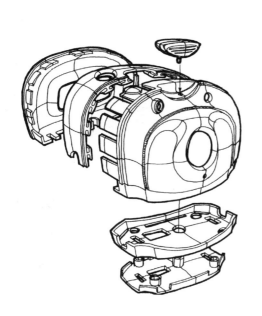

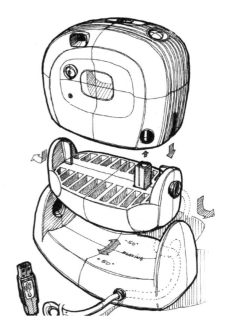

图 3-1-16 照相机设计草图 刘传凯

较为细致的机械工具草图可使用马克笔表现配色。作者为快速准确展示产品效果,运用一种颜色直接表现出产品的明暗层次,即在亮部留白,暗部使用灰色或深色加重,画面有轻盈的层次感(图 3-1-17、图 3-1-18)。

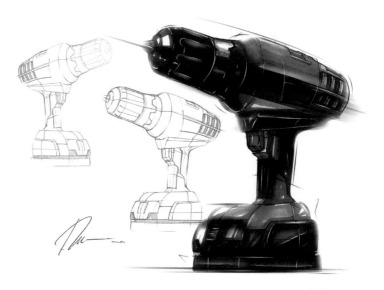

图 3-1-17 电钻设计草图

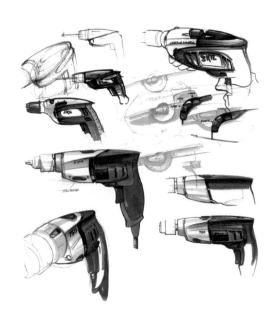
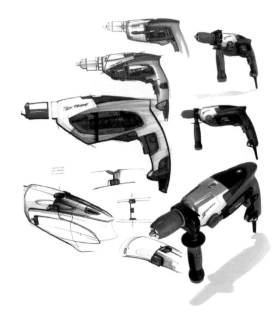

图 3-1-18　电钻设计草图　[荷]库斯·艾森

　　设计草图线条简洁明了,附加淡淡的明暗关系,重点突出产品的形体结构(图 3-1-19、图 3-1-20)。

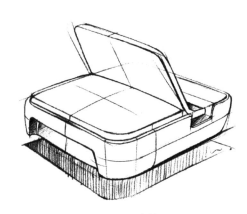

图 3-1-19　小电器设计草图　　　　　　　　　图 3-1-20　打印机设计草图

运用马克笔对产品着色,塑造出产品的暗部与灰部,亮部可采用留白的方式表现。对于亮色调的产品,简单地处理好暗部,亮部稍作过渡即可(图 3-1-21、图 3-1-22)。

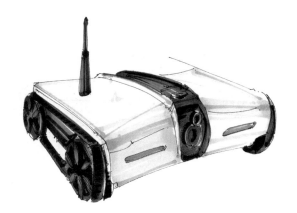

图 3-1-21 钢笔设计草图 于程杨   图 3-1-22 玩具设计草图 李帅

第二节 数字手绘效果图——客观真实易修改

数字手绘是运用计算机软件、手绘板或平板电脑等无纸化工具进行绘图,具备创作便捷、简单易学、效果真实、可改性强等特点,因此在设计创意阶段采用数字手绘表达创意的案例正逐渐增多。数字手绘与传统手绘有共性,也有差异性:共性在于数字手绘中光影明暗、配色方式和形态塑造的处理方法与传统手绘相同;差异性在于数字手绘区分图层、笔刷多样、塑造更加真实细腻。数字手绘推翻传统手绘的细腻涂抹,改用大面积色块的平铺,运用特殊笔刷直接表达产品材质,运用涂抹、喷枪等特殊笔刷营造更为自然的光影过渡,通过调整图层顺序、不透明度等参数调整整体效果。

作品中运用了软件中主体物图层对称的技法,较好地营造了地面反射的光影效果。地面光感塑造适当,汽车光滑质感表达真实。产品主体颜色过渡细腻,材质质感表达准确(图 3-2-1)。

产品背景处理相对传统手绘更加灵活。既可以采用特殊笔刷进行大胆塑造,也可以用摄影图片作为背景,再进行手绘处理。作者在处理一些高反射材质产品细节时,注重体现背景色或环境反射,最终效果真实和谐(图 3-2-2)。

运用数字手绘进行草图或概念图绘制时首先确定作品色彩基调,将背景主题色平铺,再进行产品形态勾勒。配色后调整产品基色的明度,对产品进行亮面、灰面与暗面的塑造,同时使用亮色渲染背景,进一步表现产品环境色的反射,使产品效果层次丰富,质感明确(图 3-2-3)。

图 3-2-1　数字手绘汽车设计　［南非］马修·帕森斯

图 3-2-2　数字手绘汽车设计　［奥］安克尔·辛格

图 3-2-3　数字手绘汽车设计　［奥］安克尔·辛格

　　产品手绘光源分布决定了手绘上色的明暗分布，一般手绘中默认光源为自然光、环境光等，多为产品上方或斜上方打光。有些产品为突出效果会设定光源，光源的设定赋予产品冲击感。在产品绘制时，运用高亮度、高透明度的画笔塑造光源，进而根据光源的方向处理明暗光影，不仅突出产品的体积感与流畅线条，还营造出一种科技感氛围（图 3-2-4、图 3-2-5）。

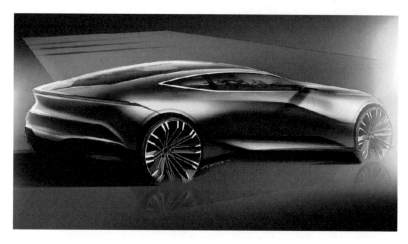

图 3-2-4　数字手绘汽车设计　［意］安东尼奥·帕格利亚

图 3-2-5 数字手绘汽车设计 ［意］安东尼奥·帕格利亚

在进行效果更为真实的产品手绘时，对于细腻度的要求也会变高。该作品在进行光影塑造时，颜色渐变层次丰富，过渡更加自然，同时对轮毂、轮胎、配饰等细节的刻画也非常精细、真实（图 3-2-6、图 3-2-7）。

图 3-2-6 数字手绘汽车设计 ［南非］默里·夏普

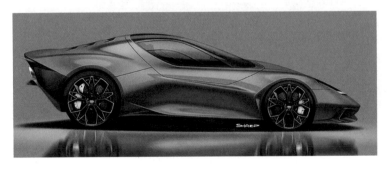

图 3-2-7 数字手绘汽车设计 ［南非］默里·夏普

　　绘制产品场景图或使用图时,将产品主题与环境巧妙融合,准确地体现出产品在此环境中受何种光源的影响,以何种状态呈现。不仅产品绘制真实,环境绘制更真实,能够确切刻画出产品的使用场景(图 3-2-8、图 3-2-9)。

图 3-2-8　数字手绘汽车设计　[意]安东尼奥·帕格利亚

图 3-2-9　数字手绘电动车设计　[印]里希·索曼

　　产品背景采用几何图形或抽象图像进行氛围渲染。图中背景通过渐变使作品拥有纵深感,同时主体物与光影的方向一致,车身光感适当横向模糊,使其具有跃动之感(图 3-2-10、图 3-2-11)。

图 3-2-10　数字手绘汽车设计　[意]提格兰·拉亚

图 3-2-11　数字手绘汽车设计　[意]提格兰·拉亚

作者通过剪辑蒙版、调整图层不透明度或笔刷不透明度进行大面积材质的刻画,通过呈现大面积高亮度色块的方法塑造产品的强烈光感。作品中亮部面积比较大,根据产品结构的转折关系、遮挡关系等塑造产品亮面区域。对于轮胎、轮毂等的材质把握也非常细致,如此刻画使主体物整体效果明亮丰富,质感真实,引人注目(图 3-2-12、图 3-2-13)。

图 3-2-12 数字手绘汽车设计 〔南非〕马修·帕森斯

图 3-2-13 数字手绘汽车设计 〔南非〕马修·帕森斯

　　塑造造型较为简约的交通工具产品时,注重车身线条保持简洁流畅。车身的基础底色上色后,再运用画笔或涂抹工具直接绘制产品亮面与暗面。由于车身足够简洁,作者细致刻画了轮胎、轮毂等细节,精致的轮胎与轮毂设计也是交通工具产品手绘图的亮点之一(图 3-2-14、图 3-2-15)。

图 3-2-14　数字手绘汽车设计　［土耳其］伯克·卡普兰

图 3-2-15　数字手绘汽车设计　［土耳其］伯克·卡普兰

第三节　马克笔色粉效果图——清洁细腻塑精彩

　　马克笔与色粉笔两种绘图工具在产品手绘中各自具有出色优势,马克笔画法简洁、硬朗、有约束力,塑造暗部、阴影的效果好。色粉颜色柔和、便于晕染与过渡,能够快速塑造产品大面积的中间色彩。马克笔色粉画法展现了两者的优势,绘制过程中能体现物体的明暗光影、颜色、材质、形态等,整体颜色和谐通透,细节处理细腻自然。

　　在对产品上色时,遵循先浅后深的原则,过渡处使用相邻色系的色号,叠色中也运用相邻色绘制。在车体最暗的投影处和内部阴影处,运用灰色、黑色马克笔或黑色色粉来完成。整体效果自然细腻,层次均匀(图 3-3-1 至图 3-3-3)。

图 3-3-1 阿尔法·罗密欧汽车效果图 许喆

图 3-3-2 捷豹 E-Type 汽车效果图 许喆

图 3-3-3 MINI 汽车效果图 许喆

　　深色的产品可以运用留白的方式来处理亮部和高光处,深色的车身外表层一般会反射出周围的环境色。图中采用了马克笔平涂后再使用彩色铅笔修饰的方法。明度低的产品,暗部颜色较深,可以使用中间色调的彩色铅笔处理暗部的一些结构,使其质感真实(图 3-3-4 至图 3-3-8)。

图 3-3-4 红旗汽车效果图 许喆

图 3-3-5　越野车效果图　段卫斌

图 3-3-6　哈弗 H6 汽车效果图　许喆

图 3-3-7 宾利汽车效果图 许喆

图 3-3-8 阿斯顿·马丁汽车效果图 许喆

　　运用彩色铅笔刻画一些较小的细节时,比如拖拉机的标志牌、车的门边框、镀铬材质装饰等,可以使产品细节处精致独特。有些车身材质会反射出周围环境色,可以用马克笔淡淡铺色,例如环境色彩稍泛紫色,则用淡紫色马克笔添加环境色(图 3-3-9 至图 3-3-12)。

图 3-3-9　手扶拖拉机效果图　李西运

图 3-3-10　保时捷 911 汽车效果图　许喆

图 3-3-11　奔驰汽车效果图　许喆

图 3-3-12　雷克萨斯汽车效果图　许喆

　　该效果图使用灰色的马克笔,颜色由浅到深过渡,车身对比度与明暗关系强烈。灰色过渡较为自然,可不运用色粉进行晕染。作品中巧妙留白,使主体物光感强烈,颜色轻盈,有透气感(图 3-3-13、图 3-3-14)。

图 3-3-13　奔驰汽车效果图　许喆

图 3-3-14　跑车效果图

不同材质的上色方式不同,如摩托车轮毂、排气管、车身。轮毂亮部多,留白多;排气管反射强,塑造周围环境;车身的明暗变化比较小,塑造精致。根据物体表面走向处理摩托车纹饰,再找准透视进行整体绘制(图 3-3-15、图 3-3-16)。

图 3-3-15 摩托车效果图 严金通

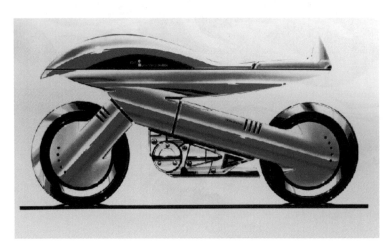

图 3-3-16 摩托车效果图 [日]清水吉治

　　运用马克笔画法表现家居产品的柔软材质,根据布艺的特点进行上色,笔触柔和,对留白与高光部分进行削弱(图 3-3-17 至图 3-3-19)。

图 3-3-17　沙发效果图

图 3-3-18　椅子效果图一

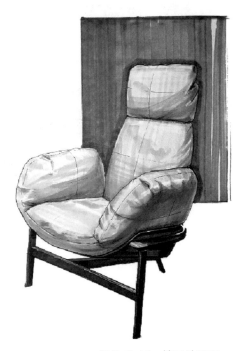
图 3-3-19　椅子效果图二

　　运用马克笔处理产品的暗部与细节,再运用色粉进行大面积晕染,以追求自然的效果。运用削尖的白色铅笔刻画亮部分割线与轮廓线,用白色修正笔表现高光,塑造出轮廓的精致感(图3-3-20 至图 3-3-25)。

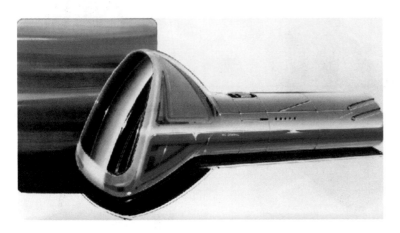

图 3-3-20　小型台式吸尘器效果图　[日]清水吉治

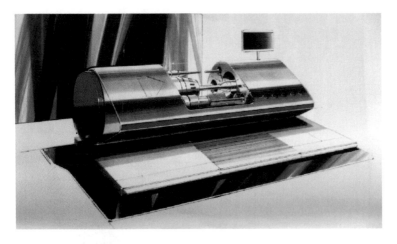

图 3-3-21　小型精密机床效果图　[日]清水吉治

图 3-3-22　数码摄像机效果图　［日］清水吉治

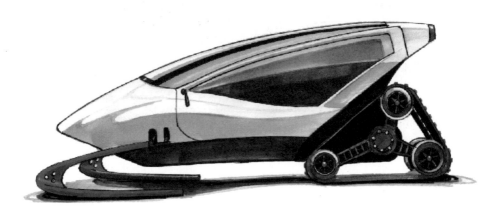

图 3-3-23　雪地摩托效果图　于程杨

图 3-3-24　办公室用打印机效果图　[日]清水吉治

图 3-3-25　吸尘器效果图　左铁峰

　　结合背景与物体遮挡的反射使产品材质更明亮真实,表达高反射材质时要体现反射物(图 3-3-26)。

　　当马克笔笔触过于明显时,可使用色粉调节过渡色,根据高光的留白与暗处的塑造拉开明暗的层次(图 3-3-27 至图 3-3-29)。

图 3-3-26　电熨斗效果图

图 3-3-27　推土车效果图　孙源章

图 3-3-28 越野车效果图 王倩倩

图 3-3-29 复古车效果图 张可心

　　产品效果图能够准确体现物体的结构层次与轮廓,明暗结构线清晰。反射处能够体现物体环境色,但轮廓线处高光处理应明晰,会显得细节更精致(图 3-3-30 至图 3-3-33)。

图 3-3-30　摩托车效果图　王倩倩

图 3-3-31　摩托车效果图　路文君

图 3-3-32 汽车效果图 王子健

图 3-3-33 机械装备效果图 王雪蓓

　　车身材质受光线的影响与环境色的塑造较为准确,加重车底暗部的同时要将投影与车身结构表现清楚,注意不要混为一体(图 3-3-34)。

图 3-3-34　汽车效果图　温景程

第四节　水粉底色效果图——流畅笔触显大气

　　运用水粉在纸上进行大面积底色描绘时,底色也作为产品形体的部分色彩。水粉笔触流畅自然,充分表现空间感、质感和光感,画面简洁大气、富有表现力。同时水粉表现力强,艺术效果好,通过后续的提高光、压暗部及画细节,可以将产品的形态、色彩和质感精准细腻地表现出来。

　　画面底色笔触清晰肯定,色彩饱和明快,具体深入地描绘汽车的格栅、车灯和轮毂,将汽车的造型特征精致而准确地表现出来(图 3-4-1 至图 3-4-3)。

　　效果图底色线条规整,颜色均匀,整体画面整洁干净,汽车刻画细致饱满,细节精致(图 3-4-4、图 3-4-5)。

图 3-4-1　汽车水粉底色效果图　李西运

图 3-4-2　汽车水粉底色效果图　李西运

图 3-4-3　汽车水粉底色效果图　李玉青

图 3-4-4　汽车水粉底色效果图　李西运

图 3-4-5　汽车水粉底色效果图　李西运

　　运笔肯定、简练,画面色层透明、轻巧,飞机结构刻画到位,明暗关系明确,色彩细腻饱和 (图 3-4-6)。

图 3-4-6　飞机水粉底色效果图　于程杨

将枪的形态和色彩明确地表现出来,画面简洁、明快,富有表现力(图 3-4-7、图 3-4-8)。

图 3-4-7 冲锋枪水粉底色效果图 李西运

图 3-4-8 手枪水粉底色效果图 邵霞

形态、比例绘制准确,笔触的变化产生色彩过渡,色彩层层渐进、由浅入深,轮廓线条清晰(图 3-4-9、图 3-4-10)。

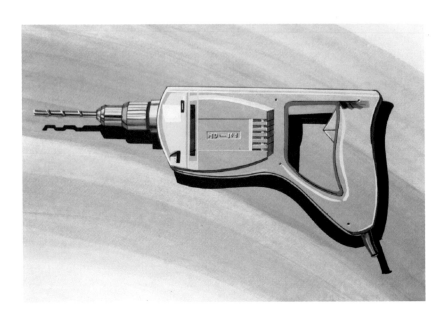

图 3-4-9 电钻水粉底色效果图 吕震

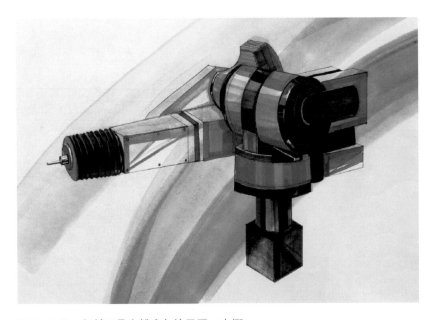

图 3-4-10 机械工具水粉底色效果图 李娜

　　整体画面效果精细规整,色彩均匀饱和,明暗关系明确,充分刻画了产品的立体感和体量感(图 3-4-11、图 3-4-12)。

图 3-4-11　照相机水粉底色效果图　李西运

图 3-4-12　电子设备水粉底色效果图　李西运

底色笔触清晰肯定,具有丰富的色阶,画面表现力强。鞋子细节刻画深入,表现出不同材质的质感(图 3-4-13)。

图 3-4-13 鞋子水粉底色效果图 邓世华

第五节 色纸画法效果图——基色已定绘明暗

色纸画法是选用彩色纸张或深黑色纸张作图,彩色纸张的颜色可作为描绘产品的中间色,使用高光笔、马克笔等工具对产品亮部和暗部进行重点处理;深黑色纸张一般适合绘制形体色彩较重的产品,主要使用高光笔、白色彩色铅笔等工具塑造产品的亮部和中间色。色纸画法绘制的效果图画面简洁、协调、富有表现力,在大面积底色中展现物体的明暗、光影和层次。

这一系列产品设计手绘图运用色纸底色画法,简洁快速。底色既是产品的固有色,也是中间色,用深色加重产品暗部,用白色提亮产品亮部,整体画面干净整洁(图 3-5-1 至图 3-5-6)。

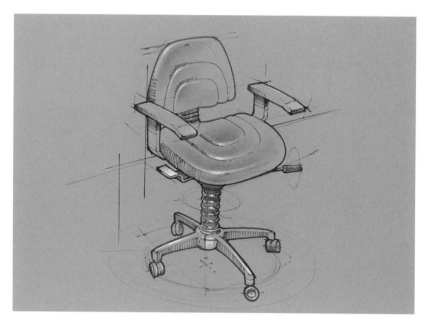

图 3-5-1 办公椅色纸画法

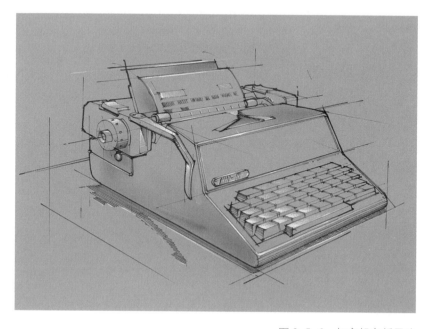

图 3-5-2 打字机色纸画法

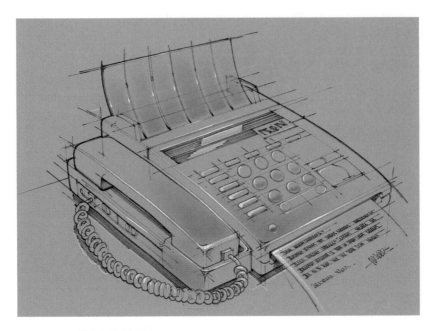

图 3-5-3 传真机色纸画法

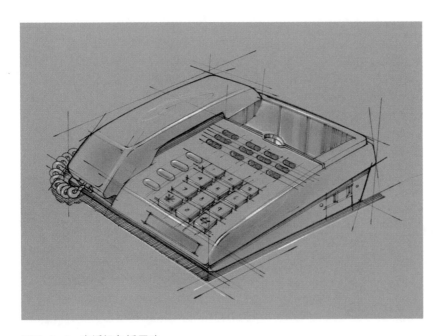

图 3-5-4 电话机色纸画法

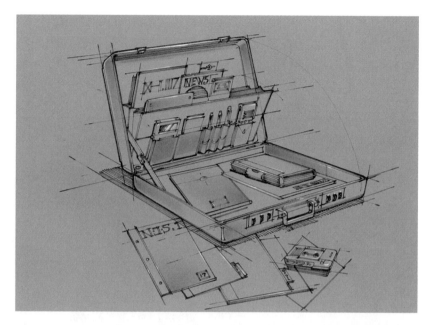

图 3-5-5　公文包色纸画法

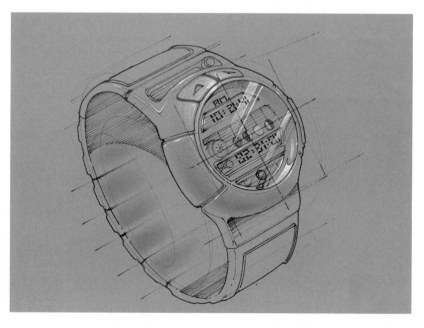

图 3-5-6　手表色纸画法

产品平面视图手绘的结构表达需要重视光影与凹凸面的处理，大面积平面色彩可以用色纸中间色代替，使用高光笔、马克笔进行细节刻画，增添产品细节美感，凸显产品体量感（图 3-5-7、图 3-5-8）。

图 3-5-7　摄影机色纸画法

图 3-5-8　音响色纸画法

底色基调确定后,产品起稿后直接运用灰色、黑色,以及同色系深色等过渡色叠涂产品暗部,运用白色铅笔、高光笔、白色色粉笔等描绘产品的亮部。色纸画法不仅节省了作画时间,画面效果也和谐丰富(图 3-5-9 至图 3-5-11)。

图 3-5-9 汽车色纸画法

图 3-5-10 汽车色纸画法

图 3-5-11　多用途应急灯色纸画法　林伟

　　作品椅子形态、比例绘制准确,背景与主体物色彩搭配合理。椅子质感和肌理表现丰富,画面具有较好的艺术效果(图 3-5-12)。

　　以纸张本身的颜色为背景,通过描绘杯子的轮廓线和高光点展现杯子透明的特征(图 3-5-13);通过描绘轮廓线和高光线,充分展现手机的质感(图 3-5-14)。色纸画法表达简捷快速,大大节省了绘制时间。

图 3-5-12 皮质椅子色纸画法 马恒毅

图 3-5-13 杯子色纸画法 朱海辰

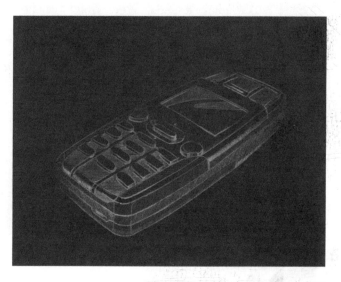

图 3-5-14 手机色纸画法 朱海辰

主体物光影效果明显,画面色彩丰富且具有层次感,用黑色背景反衬增加画面的视觉冲击力(图 3-5-15、图 3-5-16)。

图 3-5-15 汽车色纸画法

图 3-5-16 汽车色纸画法

画面明暗对比强烈,既表现出汽车较强的光感,也体现了汽车本身的质感(图 3-5-17、图 3-5-18)。

图 3-5-17　汽车色纸画法　李西运

图 3-5-18　汽车色纸画法　李西运

在绘制主体物时,塑造出了富有光感变化的材质质感。在变化中寻求统一,使作品整体效果明快、到位(图 3-5-19、图 3-5-20)。

图 3-5-19　叉车色纸画法　王雪静

图 3-5-20　摩托车色纸画法　叶米兰

　　手表的细节刻画深入精致，良好的光影、明暗与材质处理展现出产品富有光泽的真实质感（图 3-5-21、图 3-5-22）。

图 3-5-21　手表色纸画法　郑志恒　　　　　　图 3-5-22　手表色纸画法

　　以深色作为底色，细节刻画深入，运笔技法熟练，光影处理干净利落，产品表现细腻、精致（图 3-5-23、图 3-5-24）。

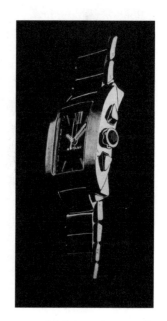

图 3-5-23　机械工具色纸画法　彭韧　　图 3-5-24　手表色纸画法　阚凤岩

利用黑色色卡纸的朦胧感衬托出产品的精致感,主体物高光塑造细腻,突出了产品亮部,体现产品光洁、硬朗的机械感(图 3-5-25、图 3-5-26)。

图 3-5-25 手枪色纸画法 蒋天顺

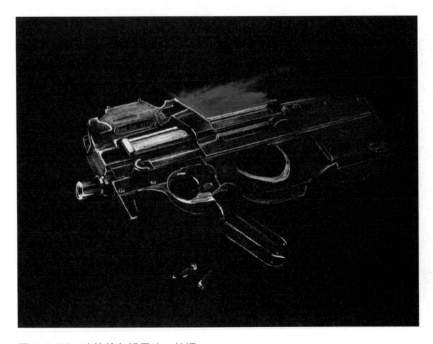

图 3-5-26 冲锋枪色纸画法 林坪

后 记

　　产品设计是一项实践性很强的活动,它需要设计师根据市场需要和消费诉求,对脑海中的产品从形态、构造、功能、色彩、材料等各个方面进行综合设计,使产品既能满足人的物质需求,又能满足人的精神需求。绘制产品效果图是整个产品设计过程中尤为重要的阶段,它是产品设计师展现设计创意的工具,也是设计师必须掌握的一种基本技能。然而有的本科生毕业深造考研,因为手绘水平太低不能被录取;有的硕士研究生就业求职时,因为手绘水平欠佳而错失良机。究其原因有二,一是对学习手绘效果图从意识上不够重视,过分依赖效果图的电脑制作技巧;二是自身懒惰的原因,没有努力深入的学习。要想画好产品效果图,必须要做到三点:一是要熟练运用绘制产品效果图的工具与材料,掌握绘制效果图的多种技法;二是要坚持不懈地训练,从基本形体的塑造到色彩的运用,再到细节的处理;三是要虚心学习,多临摹一些经典的优秀作品,吸收其精华。

　　回过头来,看看自己多年的教书经历,心中颇有感慨。特别是本书的编写,一开始过分强调效果图绘制技法的学习,忽略了理论知识的阐述。在林家阳教授的指导下,增加了相关知识点和参考阅读的内容,使教材内容更加完善,也体现了知识学习的延展性。在此衷心感谢林家阳教授的耐心指导和无私帮助;同时感谢高等教育出版社艺术分社的梁存收社长和杜一雪编辑,是他们的鼎力相助,使本书得以面世;也感谢我的研究生孙菁阳、马驰、刘璐、吴天祥、魏善进等同学在资料整理中给予的大力协助。

　　由于时间仓促,编者的水平有限,书中文字、图片等内容定有不足之处,敬请广大读者批评指正,提出宝贵意见,在此深表谢意!

编者

2023 年 1 月